Peter Timothy Saunders

Katastrophentheorie

Facetten der Physik

Physik hat viele
Facetten: historische, technische
soziale, kulturelle, philosophische und
amüsante. Sie können wesentliche und
bestimmende Motive für die Beschäftigung
mit den Naturwissenschaften sein. Viele
Lehrbücher lassen diese „Facetten der
Physik" nur erahnen. Daher soll
unsere Buchreihe ihnen
gewidmet sein.

Prof. Dr. Roman Sexl
Herausgeber

Eine Liste der erschienenen Bände
finden Sie auf den Seiten 202 bis 204

Peter Timothy Saunders

Katastrophentheorie

Eine Einführung
für Naturwissenschaftler

Aus dem Englischen übersetzt von
Ernst Streeruwitz

Friedr. Vieweg & Sohn   Braunschweig / Wiesbaden

Dieses Buch ist die deutsche Übersetzung von

Peter Timothy Saunders,
An introduction to catastrophe theory

© Cambridge University Press 1980
First published 1980. Reprinted 1982

Peter Timothy Saunders ist Reader in Applied Mathematics, King's College, London.
Übersetzung: Dr. *Ernst Streeruwitz*, Wien

Die englische Ausgabe ist Joseph und Sophie Carpin gewidmet.

1986

Alle Rechte an der deutschen Ausgabe vorbehalten
© Friedr. Vieweg & Sohn Verlagsgesellschaft mbH, Braunschweig 1986

Satz: Vieweg, Braunschweig
Druck und buchbinderische Verarbeitung: Lengericher Handelsdruckerei, Lengerich
Printed in Germany

ISBN 3-528-08939-3

Vorwort

Fast jeder Wissenschaftler hat schon von der Katastrophentheorie gehört und weiß, daß es darüber in der letzten Zeit eine Menge Diskussionen gegeben hat. Allerdings wissen die meisten nur so viel über dieses Thema, wie sie vielleicht in irgend einem populärwissenschaftlichen Artikel gelesen haben. Ziel dieses Buches ist es, jedem Naturwissenschaftler und Studenten die Möglichkeit zu geben, sich auf einem relativ einfachen mathematischen Niveau — etwa einem einjährigen mathematischen Universitätskurs entsprechend — die Theorie so weit verständlich zu machen, wie dies zum Selbststudium weiterführender Arbeiten oder zu eigenen Untersuchungen nötig ist.

Viele Leser werden auf eine Menge von Konzepten stoßen, die für sie neu sind; dies ist jedoch unvermeidbar, will man eine halbwegs angemessene Darstellung der Theorie geben. Trotzdem habe ich mich soweit als möglich auf die Verwendung bereits gebräuchlicher Begriffe konzentriert. Es ging mir darum, die Theorie zu erklären; es ging mir nicht darum, formale Beweise anzugeben, und es ist darüber hinaus eben auch schwierig, die Dinge in Begriffen verständlich zu machen, die gerade erst eingeführt wurden. Aus dem gleichen Grund habe ich gelegentlich bestimmte Berechnungen in einer ebenso direkten wie uneleganten Weise durchgeführt, auch wenn ein ästhetischerer Zugang möglich gewesen wäre. Ich war jedoch stets darum bemüht, mich am Geist, wenn schon nicht am Buchstaben der Mathematik zu orientieren. Der Leser, der dieses Buch als Einführung verwendet und dann die Theorie in ihrer vollen Strenge studieren will, muß von dem hier Dargelegten nichts vergessen.

Mehr als die Hälfte dieses Buches ist den Anwendungen gewidmet, die ich detaillierter ausgeführt habe, als dies in den meisten Lehr-

büchern für Angewandte Mathematik geschieht. Es ist nämlich —
zumindest derzeit — nicht möglich, die mathematische Katastrophentheorie anzuwenden und dabei nicht auf das zugrundeliegende Problem Bezug zu nehmen. Hätte ich z. B. ein Buch über
neue Techniken bei der Behandlung partieller Differentialgleichungen geschrieben, dann hätte ich wohl kaum jene Probleme dar-
legen müssen, bei deren Lösung diese Gleichungen auftreten.
Allenfalls wäre es für den Leser eine gewisse Motivation, wenn die
besondere Wichtigkeit bestimmter Gleichungen für ihn einsichtig
wird. Die Konstruktion der Modelle und die Interpretation der
Resultate in den entsprechenden physikalischen Begriffen kann
man jedoch im allgemeinen voraussetzen, um sich direkt der
mathematischen Analyse zuzuwenden.

Bei der Katastrophentheorie, insbesondere bei ihren Anwendungen in der Biologie und den Gesellschaftswissenschaften, liegen
die Dinge allerdings ganz anders. Normalerweise gibt es kein
Modell im üblichen Sinn des Wortes; in den meisten Fällen könnten
wir das Problem mit den traditionellen Techniken behandeln,
wenn ein solches Modell vorhanden wäre. Statt dessen sind wir
mit einem komplexen System konfrontiert, das wir nicht im
Detail analysieren können. Nun geht es darum, möglichst viel
Erkenntnisse zu gewinnen, auch wenn wir uns dabei auf kein
mechanistisches Modell stützen können. Der jeweilige Weg hängt
von der Natur des Problems und von unserer eigenen Phantasie
ab; es gibt bis jetzt keine Standardverfahren. So ist es am besten,
eine relativ große Anzahl verschiedener Beispiele vorzulegen und
auf diese Weise die vielfältigen Möglichkeiten darzustellen.

Es gibt noch einen zweiten Grund für die ausführliche Präsentation
von Anwendungen: Da ich nicht versucht habe, die grundlegenden
Theoreme der Katastrophentheorie zu beweisen, muß der Leser
einiges gläubig hinnehmen. Er kann sich allerdings relativ sicher
fühlen; alle Mathematiker, die sich der Mühe unterzogen und die
Beweise durchgeführt haben, bestätigen die Richtigkeit der Theoreme. Die Kontroverse bezieht sich auf die Anwendungen, und
gerade darüber kann sich der Leser am besten an Hand der Beispiele
ein Urteil bilden.

Die nicht-physikalischen Anwendungen sind schon deshalb von besonderem Wert, weil meiner Meinung nach die meisten Diskussionen ihre Wurzel in der Tatsache haben, daß die Katastrophentheorie zum Unterschied von vielen anderen Zweigen der angewandten Mathematik nicht Teil der theoretischen Physik ist, sondern sich auf die theoretische Biologie bezieht. Wie Thom ausgeführt hat, sind Biologen nicht gewöhnt, in theoretischen Begriffen zu denken. Ich stimme ihm völlig zu, möchte jedoch ergänzen, daß Mathematiker ihrerseits nicht mit der Handhabung biologischer Begriffe vertraut sind. Wir sind in der theoretischen Physik zu Hause, in einer gut entwickelten und außerordentlich erfolgreichen Disziplin. Deren Konzepte können allerdings leider nicht unverändert in die Biologie übertragen werden. Und die Biologen haben ihre theoretischen Konzepte nicht entwickelt, um unseren Überlegungen einen hinreichend ausgefeilten Rahmen geben zu können. Daher wird jeder, der mathematische Konzepte auf die Biologie anwenden will, auf ein Arbeitsgebiet stoßen, von dem seine meisten Kollegen kaum Notiz genommen haben und das darüber hinaus erst am Anfang seiner wissenschaftlichen Entwicklung steht. Unter diesen Umständen mußte früher oder später ein Grundsatzstreit über die Katastrophentheorie entstehen, weil sie sich eben aus einem Bereich entwickelte, der so grundsätzlich von der theoretischen Physik verschieden ist.

Also gibt es in Hinblick auf die Katastrophentheorie und ihre Anwendungen eine Menge schwerwiegender Probleme. Es ist aber kein Widerspruch, diese Schwierigkeiten einer Theorie, die kaum ein Jahrzehnt alt ist, bewußt zu erkennen und gleichzeitig doch die großen Fortschritte zu sehen, die von dieser Theorie ausgehen. De Morgan hat über diesen Aspekt schon vor langer Zeit folgendes gesagt:

„Manchmal trifft man auf gewisse grundsätzliche Vorbehalte gegenüber allen Aussagen, bei deren Begründung noch Schwierigkeiten auftreten und deren Überprüfung zu scheinbaren Widersprüchen führt. Ich stimme diesen Vorbehalten insofern zu, als kein Konzept auf Dauer verwendet oder implizit für wahr gehalten werden sollte, wenn es nicht in voller Strenge bewiesen werden kann. Ich muß jedoch mit allem Respekt widersprechen, wenn jemand sagt, man solle den Studenten nichts vorführen (auch nicht bei entsprechender Vorwarnung), was nicht in voller Allgemeinheit bewiesen ist. Eine solche Einschränkung würde dazu führen, daß wir das Ausmaß unseres Wissens falsch darstellen und darüber hinaus jeden Fortschritt der Erkenntnis zum Stillstand brächten. Angefangen von der Geometrie zeigen auch die mathematischen Wissenschaften nicht in allen ihren Bereichen jene vollendete Strenge, wie dies manche annehmen. Die Grenzen der Analysis waren stets Gegenstand von Spekulationen, und es war auch stets unbekannt, wohin man bei Überschreitung dieser Grenzen gelangen würde. Die Ausweitung des ‚bestellten Landes' kam immer dadurch zustande, daß einer sich auf Forschungsexpeditionen begab und das bekannte Terrain verließ. Es ist meine tiefe Überzeugung, daß schon der Student in diesem Verhalten trainiert werden sollte; er muß lernen, nicht nur das ‚Landesinnere' zu pflegen, sondern auch den Versuch zur Grenzüberschreitung zu wagen. Ich hatte daher keine Skrupel, in späteren Kapiteln dieses Buches Methoden zu verwenden, die ich nicht deshalb als zweifelhaft bezeichnen würde, nur weil sie sich heute als noch unvollkommen darstellen. Der Zweifel an diesen Methoden ist der eines begierig Lernenden und nicht der eines unzufriedenen Kritikasters. Wie die Erfahrung zeigt, sind zweifelhafte Aussagen schon oft durch konsequentes Denken in aller Strenge widerlegt worden. Damit es aber überhaupt soweit kommt, muß man sich mit solchen Aussagen überhaupt zunächst einmal auseinandersetzen, um ihren Wahrheitsgehalt endgültig beurteilen zu können."

Tatsächlich verteidigt de Morgan in diesem Zitat die Infinitesimalrechnung, die vor eineinhalb Jahrhunderten entwickelt wurde und damals noch auf keiner strengen Grundlage ruhte; denn de Morgan schrieb dies nur zwanzig Jahre nach Cauchys Vorlesungen, die eine erste angemessene Definition für den Grenzwert-Begriff gaben. In

diesen zwanzig Jahren war die Infinitesimalrechnung einer Vielzahl
schwerer Angriffe ausgesetzt. Am bekanntesten ist Bishop Berkeleys
(1734) *"The Analyst, or, A Discourse Addressed to an Infidel
Mathematician"*. Es ist vielleicht für den Leser nicht uninteressant,
einen Blick in dieses Buch zu werfen, weil es beweist, daß Kontroverse und Polemik auch in der mathematischen Wissenschaft nichts
Neues sind. Die Vorstellung, Mathematik sei so logisch und Mathematiker seien so rational, daß jeder wichtige Fortschritt sofort von
der gesamten mathematischen Gemeinde akzeptiert und bejubelt
werden müßte und daß jede zunächst auch nur teilweise bezweifel-
te Erkenntnis wertlos sei, mag vielleicht naheliegend sein. Aber
schon eine oberflächliche Betrachtung der mathematischen Geschichte widerlegt diese Auffassung.

Natürlich stimmen einige jener Einwendungen, die von den Gegnern
der Infinitesimalrechnung vorgebracht wurden. Es war auch noch
viel Arbeit zu leisten, ehe die Infinitesimalrechnung sich auf die
Basis einer strengen Analysis stützen konnte. Man stelle sich aber
vor, was geschehen wäre, wenn man die Infinitesimalrechnung
angesichts dieser Attacken völlig verworfen hätte oder wenn die
Mathematiker des 18. Jahrhunderts wie Euler, d'Alembert, die
Bernoullis, Lagrange und die vielen anderen mit den Anwendungen
dieser Theorie so lange gewartet hätten, bis die Strenge ihrer
Grundlagen mit jener der Geometrie vergleichbar geworden wäre.

Viele Menschen haben in der einen oder anderen Weise zu diesem
Buch beigetragen. Besonders möchte ich Michael Bazin, Mae Wan
Ho und Alan Pears danken, die mir Verbesserungen vorgeschlagen
haben, ohne irgendeine Mitverantwortung für verbliebene Fehler
zu tragen; diese haben ihre Wurzel ausschließlich in meiner gele-
gentlichen Sturheit. Ich bin auch Christopher Zeeman besonders
dankbar, durch dessen Arbeiten ich überhaupt erst mit der Katastrophentheorie vertraut wurde. Mein besonderer Dank gilt auch
René Thom. Wenn dieses Buch andere ermutigt, sich mit Thoms
großartigen Beiträgen zu beschäftigen und sie weiterzuentwickeln,
dann hat es seinen Zweck erfüllt.

Peter Timothy Saunders

Inhaltsverzeichnis

1
Einleitung

Eine große Anzahl von interessanten Naturphänomenen hat etwas mit Diskontinuitäten (Unstetigkeiten) zu tun — mit zeitlichen Diskontinuitäten, etwa wenn sich eine Welle bricht, wenn sich eine Zelle teilt oder eine Brücke einstürzt; mit räumlichen Diskontinuitäten, etwa an der Begrenzung eines Objektes oder an der Grenzfläche zwischen zwei Arten von Gewebe. Bisher waren fast alle Techniken der angewandten Mathematik zur quantitativen Behandlung ausschließlich stetigen Verhaltens geeignet. Diese Verfahren beruhen vor allem auf der Differential- und Integralrechnung, die sich immerhin seit der Zeit von Newton und Leibniz außerordentlich entwickelt und verfeinert hat, so daß ebenso zahlreiche wie weitreichende Fortschritte unseres Naturverständnisses erzielt werden konnten. Dieser große Erfolg war jedoch hauptsächlich auf die physikalischen Wissenschaften beschränkt. Wenn wir uns den Biowissenschaften und den Gesellschaftswissenschaften zuwenden, zeigt sich zumeist sehr bald unser Unvermögen, die gleichen Methoden an Hand relativ ausgefeilter Modelle auf diese Forschungsgebiete zu übertragen. Darüber hinaus ist das Beobachtungsmaterial, von dem jeder Theoretiker ausgehen muß und an dem er seine Modelle zu erproben hat, fast nie von der gleichen Präzision wie etwa in der Physik. Sehr oft handelt es sich dabei nur um qualitative Resultate. Es gibt in der Biologie nichts, was auch nur einigermaßen mit der unerbittlich und exakt prognostizierbaren Bewegung der Himmelskörper vergleichbar wäre.

Als Teilgebiet der Mathematik ist die Katastrophentheorie mit der Behandlung von Singularitäten befaßt. In der Anwendung auf wissenschaftliche Probleme beschäftigt sie sich direkt mit den Eigenschaften der Diskontinuitäten und bezieht sich nicht auf irgendeinen zugrunde liegenden Mechanismus. So ist die Katastrophentheorie besonders für das Studium von Systemen geeignet, deren innere Abläufe nicht bekannt sind und deren Beobachtung ausschließlich hinsichtlich der Diskontinuitäten zu verläßlichen Ergebnissen führt. Natürlich sind auch die Verfahren der mathematischen Physik auf die Analyse von Diskontinuitäten angewendet worden, trotzdem bedarf es dazu aber jeweils einer gewissen Kenntnis des Systems, wie sie in den „sanften" Wissenschaften vielfach nicht zur Verfügung stehen: Die klassische Behandlung von Schockwellen z. B. setzt ein detailliertes Verständnis des stetigen Verhaltens von Flüssigkeiten voraus.

Katastrophentheorie

Wir betrachten ein System, dessen Verhalten „glatt" ist, aber manchmal (oder an manchen Stellen) Diskontinuitäten aufweist. Wir können ohne große Einschränkungen annehmen, daß der Zustand des Systems zu jeder Zeit durch die Werte von n-Variablen $(x_1, x_2, \ldots x_n)$ beschrieben werden kann, wobei n eine endliche — vielleicht sehr große — Zahl ist. In einem Modell des Gehirns kann n in der Größenordnung von Millionen oder hunderten Millionen liegen. Wie wir ferner annehmen können, wird der Zustand des Systems von m unabhängigen Variablen $(u_1, u_2, \ldots u_m)$ bestimmt. Die Werte dieser Variablen bestimmen auch die x_i, allerdings nicht immer ganz eindeutig, wie wir sehen werden. Wir werden annehmen, daß m eine relativ kleine Zahl ist, üblicherweise nicht größer als 5, obwohl wir auch durchaus kompliziertere Fälle behandeln können. Diese Einschränkung ist nicht so weitreichend, wie sie zunächst erscheinen könnte, weil wir alle unabhängigen Variablen außer acht lassen, die keinen Einfluß auf unsere Diskontinuität haben. Wenn aber andererseits das diskontinuierliche Verhalten eines Systems von einem halben Dutzend oder mehr unabhängigen Variabler kritisch abhängt, dann ist es überhaupt sehr schwierig, zu sinnvollen Ergebnissen zu kommen. Wir werden die x_i als *Zustands-* oder *innere Variable* bezeichnen und die u_i als *Kontroll-* oder *äußere Variable*.

Wie wir ferner annehmen werden, soll sich die Dynamik des Systems von einem „glatten" Potential herleiten lassen, obgleich die Forderung nach der Existenz eines Potentials eigentlich wesentlich weiter geht, als das, was wir wirklich brauchen. Im allgemeinen genügt es nämlich, wenn eine *Ljapunow-Funktion* existiert (sie entspricht dem klassischen Potential, indem ihre Minima das stabile Gleichgewicht bestimmen, während sie andererseits zum Unterschied vom Potential die Trajektorien *nicht* durch ihren Gradienten festlegt). Unsere Theorie ist dann jedenfalls auf Systeme anwendbar, die sich fast immer in den Gleichgewichtszuständen eines Systems von gewöhnlichen Differentialgleichungen befinden, ob die Bewegungen nun durch einen Gradienten bestimmt sind oder nicht. Wie man zeigen kann, läßt sich die Katastrophentheorie auch auf Systeme anwenden, die durch ein Variationsprinzip definiert sind oder durch übliche partielle Differentialgleichungen beschrieben werden. Wir können sogar Situationen behandeln, in denen Grenzzykeln — ein *Grenzzykel* ist im wesentlichen eine periodische Lösung, die auch als Grenzverhalten benachbarter Lösungen erscheint — an die Stelle von Punkt-Gleichgewichten treten. Trotzdem wird es in den nächsten Kapiteln nützlich sein, von der Vorstellung eines Potentials auszugehen; wir dürfen daraus jedoch nicht folgern, daß die Resultate nur auf Systeme mit einer Gradienten-Dynamik anwendbar sind.

Die Forderung nach einem glatten Potential (noch allgemeiner: nach einer „glatten" Dynamik) ist aus zwei miteinander zusammenhängenden Gründen notwendig. Einerseits interessieren wir uns für den Ursprung der Diskontinuitäten und haben daher nicht viel davon, wenn wir diesen in die Dynamik verlagern — dies würde bedeuten, daß unsere Analyse nicht tief genug geht. Und wenn wir *a priori* Diskontinuitäten in der Dynamik zulassen, so werden wir auch nur schwer zu Aussagen über ihre Eigenschaften kommen, da wir sie ja dann sozusagen beliebig vorgeben können.

Unter diesen Bedingungen sagt uns die Katastrophentheorie folgendes: Die Zahl der qualitativ unterscheidbaren Konfigurationen, in denen die Diskontinuitäten auftreten, hängt nicht von der Zahl der Zustandsvariablen ab — diese kann sehr groß sein —, sondern von der Zahl der Kontrollvariablen, die im allgemeinen klein ist. Gibt es insbesondere nicht mehr als vier Kontrollvariablen, dann können wir sieben Arten von *Katastrophen* unterscheiden, und von keiner sind mehr als zwei Zustandsvariablen betroffen. (Dies bedeutet natürlich, daß wir einen Satz von n Zustandsvariablen so wählen können, daß in nur zwei dieser Zustandsvariablen Diskontinuitäten auftreten. Dies entspricht einer Transformation auf Eigenvariablen).

Dieses Resultat ist bemerkenswert. Man stelle sich etwa die konventionelle Analyse eines großen und komplexen Systems vor. Wir müßten n Differentialgleichungen anschreiben (n kann bekanntlich 10^6 oder mehr sein), wir müssen die Anfangsbedingungen definieren, die Gleichungen lösen und die Lösungen interpretieren. Auch wenn wir wissen, welche Variablen wesentlich sind, würden wir nicht sehr weit kommen. Gekoppelte Differentialgleichungen können nicht getrennt behandelt werden; wir müßten also alle n Gleichungen lösen und könnten erst nachher die ein oder zwei wesentlichen Lösungen herausgreifen. Mit Hilfe der Katastrophentheorie läßt sich nun andererseits einiges über das qualitative Verhalten unseres Systems vorhersagen, auch ohne die Differentialgleichungen zu kennen oder gar ihre Lösungen zu wissen. Dabei müssen wir nicht einmal besonders viele oder besonders einschränkende Annahmen machen.

Der Beweis dieser Aussage ist erwartungsgemäß schwierig, und wir werden ihn hier nicht in Angriff nehmen. Die nächsten drei Kapitel machen uns mit einigen Ideen vertraut, die hinter der ganzen Katastrophentheorie stehen und erklären uns das Zustandekommen der sieben elementaren Katastrophen sowie ihre Eigenschaften. Dann werden wir uns den zahlreichen Anwendungen dieser Theorie zuwenden.

Bevor wir dieses Projekt jedoch endgültig in Angriff nehmen, wollen wir an Hand zweier physikalischer Systeme einige Grundzüge der Katastrophentheorie illustrieren. Insbesondere soll gezeigt werden, wie sich im Rahmen einer „glatten" Dynamik auch diskontinuierliches Verhalten entwickeln kann.

Die Zeeman-Katastrophenmaschine

Bild 1-1 stellt ein „Lehrspielzeug" dar, das von E. C. Zeeman (1972a) entwickelt wurde. Es läßt sich sehr einfach nachbauen, und wir empfehlen dem Leser nachdrücklich, dies auch wirklich zu tun. Das einfachste ist, wenn man zwei Gummibänder fast gleicher Länge verwendet. Die ungedehnte Länge dieser Bänder setzen wir als Einheitslänge fest. Wir schneiden ferner ein kreisförmiges Stück Karton aus, dessen Durchmesser eine Einheit beträgt und das wir im Mittelpunkt O mit Hilfe einer Nadel auf einem geeigneten Untergrund befestigen. Mit Hilfe einer weiteren Nadel fixieren wir die zwei Gummibänder an einem Punkt Q nahe des Scheibenrandes, während wir mit Hilfe einer dritten Nadel eines der beiden Gummibänder mit dem anderen Ende an einem Punkt R festmachen, dessen Entfernung von O zwei Einheiten beträgt. Das verbleibende Ende, P, bleibt frei. Die Dimensionen müssen nur ungefähr stimmen.

Nun bewegen wir den Punkt P langsam in der Ebene unserer Maschine. Wenn wir einige Zeit herumprobieren, werden wir seltsame Beobachtungen machen. Am meisten wird es uns beeindrucken, wenn unser Apparat, der auf kleine Änderungen in der Position von P fast immer mit stetigen Veränderungen reagiert, das eine oder andere Mal plötzlich springt. Wenn wir uns jene Positionen von P markieren, in denen dieses sprunghafte Verhalten auftritt, so ergibt sich eine Kurve, die an die Seitenansicht eines Diamanten erinnert. Es kann allerdings auch sein, daß P diese Kurve überschreitet und kein Sprung auftritt. Bewegen wir P z. B. hin und zurück, so daß unsere „Diamantkurve" dabei in einem rechten Winkel zur Symmetrieachse des Apparates über-

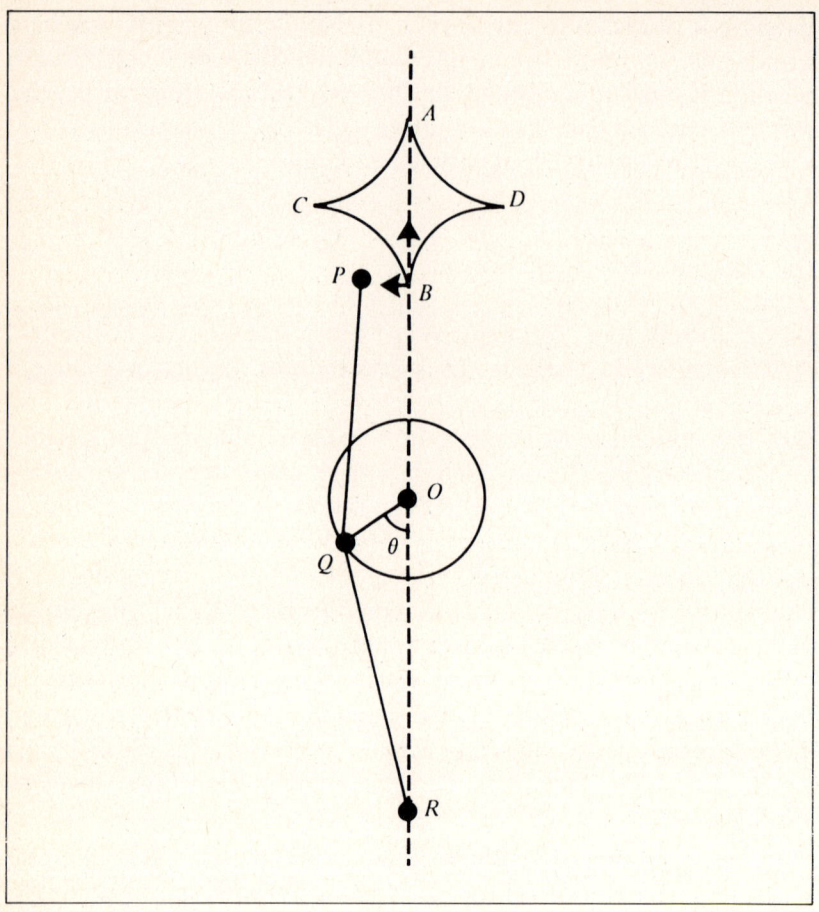

Bild 1-1 Die Zeemansche Katastrophenmaschine

schritten wird, dann gibt es in jeder Richtung nur einen Sprung, der überdies nicht am gleichen Ort auftritt. Befindet sich P außerhalb der „Diamantkurve", dann gibt es nur eine einzige Gleichgewichtslage für die Scheibe. Liegt P innerhalb der Kurve, dann gibt es zwei stabile Stellungen, in einer zeigt Q nach links, in der anderen nach rechts. Mit einiger Vorsicht finden wir einen dritten Gleichgewichtspunkt, der dazwischen liegt, aber instabil ist.

Im Prinzip ist die Analyse der ,,Katastrophenmaschine" ganz einfach. Der Zustand der Maschine ist zu jedem Zeitpunkt durch eine einzige Variable θ, nämlich den Winkel zwischen der Geraden OQ und der Symmetrieachse, bestimmt. Für jede beliebige Position des freien Endes P sucht sich die Maschine eine Konfiguration (also einen Wert von θ), in der die in den Gummibändern gespeicherte Energie ein Minimum annimmt. Da nun die Energie eines gedehnten elastischen Mediums proportional zum Quadrat der Dehnung (der Differenz zwischen gedehnter und ungedehnter Länge) ist, erhalten wir für die potentielle Energie des Systems

$$V(\theta) = \frac{1}{2}\mu\left[(r_1 - 1)^2 + (r_2 - 1)^2\right].$$

Darin sind r_1 und r_2 die jeweiligen Längen der Gummibänder, μ gibt den Elastizitätskoeffizienten an.

Wie sich herausstellt, ist dieser scheinbar einfache Ausdruck in der praktischen Rechnung relativ kompliziert. Wir wollen uns daher zunächst jenem Fall zuwenden, in dem sich P ausschließlich entlang der Symmetrieachse bewegt. Die Distanz OP sei dann s; wir erhalten (siehe Bild 1-2)

$$r_1^2 = s^2 + \frac{1}{4} + s\cos\theta,$$

$$r_2^2 = 4 + \frac{1}{4} - 2\cos\theta.$$

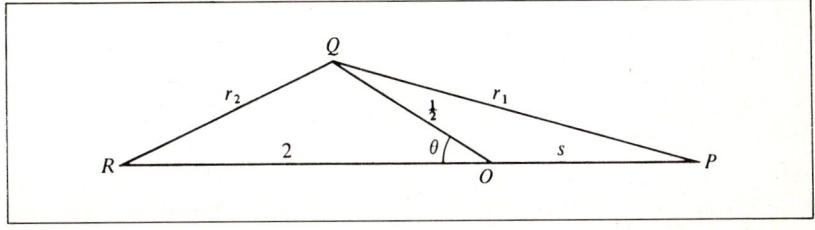

Bild 1-2

Da es noch immer schwierig ist, geschlossene Resultate herzuleiten, schlagen wir einen anderen Weg ein. Aus Symmetriegründen
muß es an der Stelle $\theta = 0$ einen Gleichgewichtszustand geben. Die
Natur dieses Gleichgewichts läßt sich bestimmen, wenn wir V als
Reihe nach θ entwickeln, wobei wir uns auf Terme vierter Ordnung
beschränken können, wie sich bald herausstellen wird. Bis zu
dieser Ordnung gilt

$$r_1^2 \sim s^2 + \frac{1}{4} + s\left(1 - \frac{1}{2}\theta^2 + \frac{1}{24}\theta^4\right)$$

und

$$r_2^2 \sim \frac{17}{4} - 2\left(1 - \frac{1}{2}\theta^2 + \frac{1}{24}\theta^4\right),$$

Es folgt

$$r_1 \sim \left(s + \frac{1}{2}\right)\left[1 - \frac{s\theta^2}{4(s+\frac{1}{2})^2} + \frac{1}{16}\left(\frac{s}{3(s+\frac{1}{2})^2} - \frac{s^2}{2(s+\frac{1}{2})^4}\right)\theta^4\right]$$

und

$$r_2 \sim \frac{3}{2} + \frac{1}{3}\theta^2 - \frac{7}{108}\theta^4.$$

Schließlich ergibt sich

$$V(\theta) \sim \frac{1}{2}\mu\left\{\left(s - \frac{1}{2}\right)^2 + \frac{1}{4} + \left[\frac{1}{3} - \frac{s(2s-1)}{2(2s+1)}\right]\theta^2\right.$$
$$\left. + \left[\frac{s}{24} - \frac{s}{12(2s+1)} + \frac{s^2}{2(2s+1)^3} + \frac{5}{108}\right]\theta^4\right\}.$$

Wie erwartet gibt es in dieser Entwicklung keinen linearen Term,
so daß $dV/d\theta$ an der Stelle $\theta = 0$ verschwindet. Tatsächlich haben
wir also stets einen Gleichgewichtszustand, wenn OQ mit der
Achse der Maschine zusammenfällt. Die Natur dieses Gleichge-
wichtes ergibt sich aus dem Vorzeichen der zweiten Ableitung,
$d^2 V/d\theta^2$, also aus dem Vorzeichen von

$$\frac{1}{3} - \frac{s(2s-1)}{2(2s+1)}.$$

Insbesondere wird das Gleichgewicht dort von der Stabilität zur Instabilität übergehen (oder umgekehrt), wo dieser Ausdruck für s verschwindet, also an den Stellen

$$s = \frac{1}{12}\,(7 \pm \sqrt{97}).$$

Die negative Wurzel können wir außer Betracht lassen, da sie einer Position von P entspricht, für die beide Gummischnüre ungespannt sind. Die positive Wurzel fixiert den Punkt B allerdings bei $s \approx 1{,}40$. Mit Hilfe einer analogen Rechnung für $\pi - \theta$ können wir den Punkt A bei $s \approx 2{,}46$ lokalisieren.

Nun können wir das Verhalten der Katastrophenmaschine zumindest teilweise erklären: Für kleine Werte von θ hat das Potential die Form

$$V(\theta) = a + b\theta^2 + c\theta^4.$$

Für die ersten beiden Ableitungen ergibt sich

$$V' = 2b\theta + 4c\theta^3$$

und

$$V'' = 2b + 12c\theta^2.$$

Liegt P direkt unter B, dann sind b und c beide positiv, und die einzige reelle Wurzel der Gleichung $V' = 0$ findet sich bei $\theta = 0$. Es gibt nur eine Gleichgewichtsposition, nämlich jene mit OQ auf der Achse, dieses Gleichgewicht ist wegen $V''(0) = b > 0$ stabil.

Bewegt sich nun P zu B, dann verschwindet b. Wiederum ist die einzige reelle Wurzel von $V' = 0$ durch $\theta = 0$ gegeben (es ist dies nun eine dreifache Wurzel), allerdings verschwindet nun V'' ebenso wie $V'''(0)$. Die vierte Ableitung ist jedoch positiv, es liegt also ein stabiles Gleichgewicht vor. Um diese Feststellung treffen zu können, mußten wir V gerade bis zum Glied vierter Ordnung in eine Reihe entwickeln.

Wenn sich schließlich P oberhalb von B befindet, dann wird der Koeffizient b negativ. Dementsprechend hat die Gleichung $V' = 0$ drei verschiedene reelle Wurzeln, nämlich $\theta = 0$ und $\theta = \pm\sqrt{(-b/2c)}$.

Wie man leicht zeigen kann, entspricht dem ersten Wert instabiles
Gleichgewicht, den beiden anderen Werten stabile Gleichgewichte.

Bewegt sich nun P entlang der Achse von einem Punkt außerhalb
der „Diamantkurve" zu einem inneren Punkt, dann bleibt Q auf
der Achse, bis P die Punkte A oder B erreicht. In diesem Augenblick wird sich Q entweder nach der einen oder nach der anderen
Seite bewegen. Befindet sich P im Inneren der „Diamantkurve",
dann gibt es jeweils zwei Gleichgewichtspositionen, in denen die
Maschine verharren kann. Außerhalb der „Diamantkurve" gibt es
jeweils nur eine Gleichgewichtsposition.

An dieser Stelle sind zwei Hinweise angebracht: Zunächst konnten
A und B exakt lokalisiert werden, obwohl wir dazu eine Taylor-
Entwicklung herangezogen haben. Dies ist deshalb wichtig, weil
wir im nächsten Schritt V in der Umgebung von B entwickeln
werden. Zum zweiten haben wir bei der Untersuchung des Gleich-
gewichtes in der Umgebung von $\theta = 0$ angenommen, daß Terme
höherer Ordnung vernachlässigt werden können. Dies ist ein Stan-
dard-Verfahren, das tatsächlich zu korrekten Ergebnissen führt.
Wieweit eine solche Entwicklung tatsächlich berechtigt ist, scheint
jedoch nicht von vornherein klar. Wir haben damit eines der
weniger bekannten Ergebnisse aus der Katastrophentheorie gewonnen, nämlich eine strenge Rechtfertigung für die Verwendung
unserer unvollständigen Reihenentwicklung. Dies gibt uns eine
seriöse Grundlage, und wir werden in der Folge relativ einfach
entscheiden können, welche Terme auch in komplizierteren Situationen vernachlässigt werden können und welche nicht. Dies wird
sich besonders dann bewähren, wenn uns die Intuition früher im
Stich läßt als bei diesem einfachen Beispiel.

Nachdem die „Verzweigungspunkte" („Kuspen" oder „Spitzen"
genannt) nun lokalisiert sind, können wir das Verhalten der
Maschine auch dann untersuchen, wenn P in ihrer Nähe liegt. Wir
nehmen B als Ursprung und führen die Koordinaten ξ, η ein (siehe
Bild 1-3). Wir erhalten für r_2 und V (als Funktion von r_1 und r_2)
die gleichen Ausdrücke, wie vorher, allerdings ist r_1 nun als

$$r_1^2 = \left(s + \frac{1}{2} \cos\theta \right)^2 + \left(\frac{1}{2} \sin\theta - \eta \right)^2$$

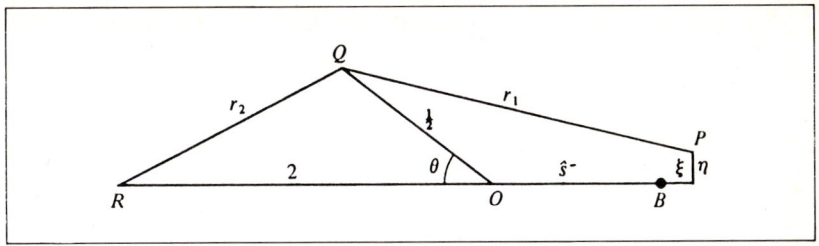

Bild 1-3

gegeben, wobei

$$s = \hat{s} + \xi, \quad \hat{s} = OB.$$

Bis zur vierten Ordnung in θ und zur ersten Ordnung in ξ und η erhalten wir

$$r_1 \sim \left(s + \frac{1}{2}\right) - \left(s + \frac{1}{2}\right)^{-1} \left(\frac{1}{2}\eta\theta + \frac{1}{4}s\theta^2 - \frac{1}{12}\eta\theta^3 - \frac{1}{48}s\theta^4\right)$$
$$- \frac{1}{8}\left(s + \frac{1}{2}\right)^{-3}\left(\frac{1}{4}s^2\theta^4 + \hat{s}\eta\theta^3\right).$$

Wie wir feststellen können, tritt sowohl in r_1 als auch in r_2 stets η nur als Koeffizient der ungeraden Potenzen von θ auf, während ξ nur mit den geraden Potenzen verknüpft ist. Aus den früheren Berechnungen wissen wir, daß der Koeffizient von θ^2 an der Stelle $\xi = \eta = 0$ verschwindet, während dies für den Koeffizienten von θ^4 nicht gilt. Beschränken wir uns also in jedem Koeffizienten nur auf die niedrigsten Potenzen von ξ und η, dann folgt bis zur vierten Ordnung in θ

$$V(\theta) \sim \frac{1}{2}\mu\left(a_0 + a_1\eta\theta + a_2\xi\theta^2 + a_3\eta\theta^3 + a_4\theta^4\right).$$

Der Leser kann dies auch durch explizite Rechnung nachweisen. In diesem Fall wird er für die Konstanten a_i näherungsweise die Werte $0,54; -0,24; 0,16; 0,09; 0,45$ erhalten (Poston und Stewart, 1978a, nach Zeeman). Tatsächlich benötigen wir diese Werte für unsere Diskussion jedoch derzeit nicht.

Durch entsprechende Variablentransformationen können wir unsere Arbeit beträchtlich vereinfachen. Zunächst normieren wir die Größe $\frac{1}{2} \mu a_4$ durch geeignete Wahl der Elastizitätseinheit auf 1 und erhalten

$$V(\theta) \sim b_0 + b_1 \eta\theta + b_2 \xi\theta^2 + b_3 \eta\theta^3 + \theta^4 .$$

Der kubische Term kann durch die Substitution

$$x = \theta + \frac{1}{4} b_3 \eta$$

eliminiert werden, ohne daß sich dadurch bis zur ersten Ordnung in ξ und η an V sonst etwas ändert. Dann definieren wir neue Variable u und v durch

$$u = b_2 \xi, \quad v = b_1 \eta.$$

Schließlich geht es uns nur um die kritischen Punkte von V und nicht um seinen Wert; wir können daher den konstanten Term b_0 durch eine Nullpunktverschiebung eliminieren. Somit verbleibt

$$V(x) \sim x^4 + ux^2 + vx$$

als vereinfachte Form von V, mit der wir weiterrechnen werden: Dieser Ausdruck wird uns später als die kanonische Form der Spitzenkatastrophe vertraut werden.

Die kritischen Punkte dieser Funktion ergeben sich als Lösungen von $V' = 0$, also

$$4x^3 + 2ux + v = 0.$$

Diese kubische Gleichung hat entweder eine oder drei reelle Wurzeln. Die Anzahl der reellen Wurzeln ist durch die Diskriminante

$$\Delta = 8u^3 + 27v^2$$

bestimmt. Für $\Delta \leqslant 0$ gibt es drei reelle Wurzeln, sonst nur eine. Diese Wurzeln sind voneinander verschieden, außer im Fall $\Delta = 0$, wo zwei davon zusammenfallen (wenn u und v von Null verschieden sind) oder alle drei zusammenfallen (wenn u und v verschwinden).

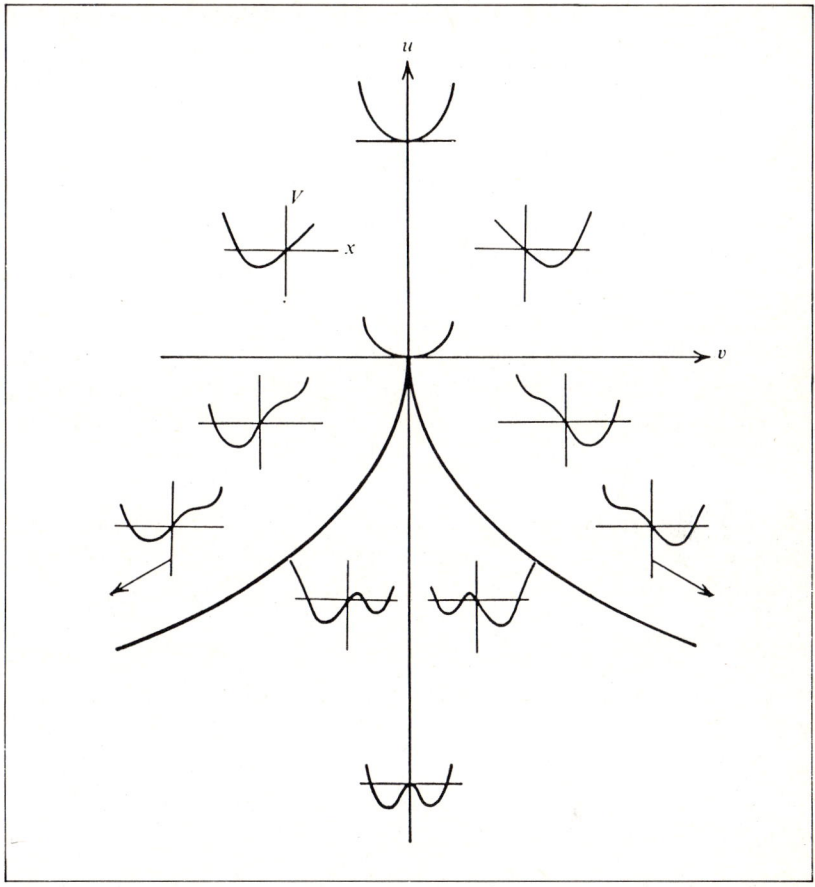

Bild 1-4 $V(x)$ für verschiedene Werte von u und v

Wir illustrieren dies durch ein Diagramm in der u-v-Ebene (Bild 1-4) und stellen die Kurve $V(x)$ für verschiedene Werte der Parameter u und v dar, also für verschiedene Positionen von P (dem freien Ende des elastischen Bandes).

Wenn zwei der Wurzeln zusammenfallen, handelt es sich um einen Wendepunkt — hier rücken ein Minimum und ein Maximum zusammen. Wie sich leicht beweisen läßt, ist die Bedingung $V' = \Delta = 0$ zu $V' = V'' = 0$ äquivalent.

Aufgrund der einfachen Relation zwischen den Variablen (x, u, v) und den Variablen (θ, ξ, η) repräsentieren unsere Skizzen in gleicher Weise $V(\theta)$ für verschiedene Werte von ξ und η. Beschränken wir uns dementsprechend auf die Umgebung von B, so können wir das Verhalten der Maschine auch in jenen allgemeineren Fällen behandeln, in denen die Bewegung von P nicht länger auf die Symmetrieachse beschränkt ist. Befindet sich P außerhalb der Kuspe, so gibt es nur eine Gleichgewichtsposition; im Inneren finden wir zwei. Zu Sprüngen kommt es, wenn wir die Spitze verlassen — allerdings nur dann, wenn das wegfallende Gleichgewicht mit jenem übereinstimmt, in dem sich die Maschine gerade zu befinden scheint. Aus eben diesem Grund tritt kein Sprung auf, wenn wir die Kuspe auf jenem Weg verlassen, auf dem wir in sie eingetreten sind.

Bild 1-5 stellt verschiedene Potentiale für entsprechende Werte von v sowie einen festen negativen Wert von u dar. Als mechanisches Analogon können wir uns vorstellen, daß die Kurve aus einem biegsamen Material hergestellt ist, auf der sich das System als „Ball" bewegt. Eine mögliche Abfolge der Ereignisse ist in der Abbildung dargestellt; der Leser kann leicht analoge Beispiele konstruieren. Die Analogie funktioniert natürlich nur dann, wenn die Anlage durch entsprechende Reibung daran gehindert wird, über ein lokales Minimum „hinauszuschießen" und nach der anderen Seite auszuschlagen. In diesem Sinne wird im allgemeinen eine Gleichgewichtsannahme („*Quasistationarität*") nötig sein, wenn

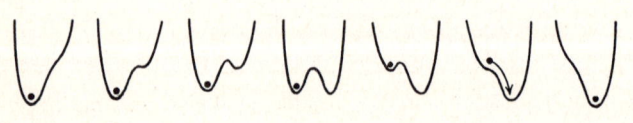

Bild 1-5

wir die elementare Katastrophentheorie anwenden wollen; daher
können wir wirklich dynamische Situationen möglicherweise mit
diesem Verfahren nicht behandeln.

Das Verhalten unserer Maschine für verschiedene Wege in der Nähe
von B können wir noch leichter darstellen, wenn wir die Fläche
$4x^3 + 2ux + v = 0$ (Bild 1-6) skizzieren. Sie entspricht der Menge
der Gleichgewichtswerte von (x, u, v) für unser System. Wenn wir
uns also vorstellen, daß der Zustand des Systems durch einen Punkt
im dreidimensionalen Phasenraum mit den Koordinaten x, u, v
dargestellt wird, dann muß der Phasenpunkt stets auf der Oberfläche liegen. Tatsächlich befindet er sich entweder auf dem

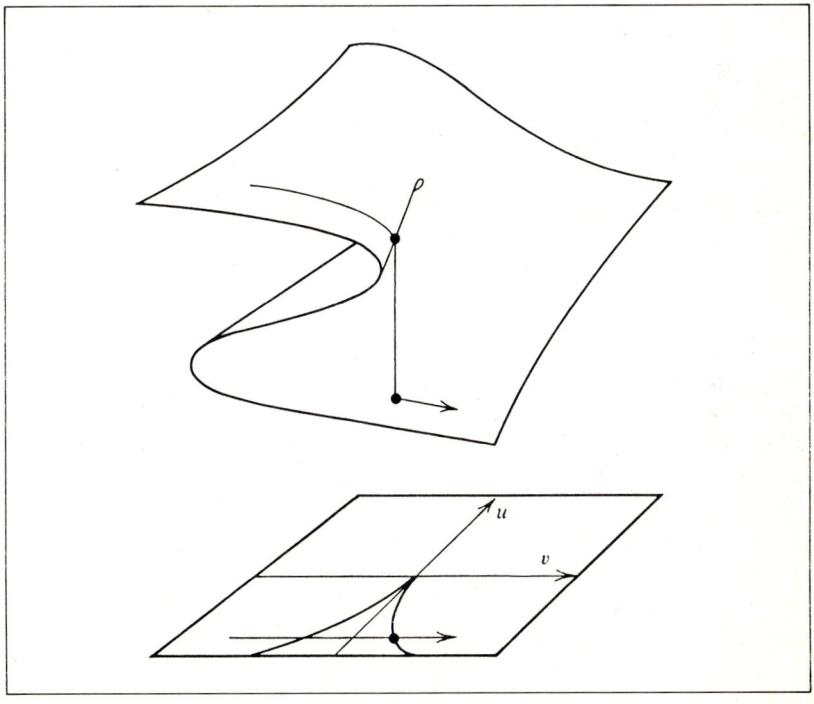

Bild 1-6 Der Phasenraum für die Zeeman-Katastrophenmaschine zeigt die
Gleichgewichtsfläche und den Kontrollraum. Ferner sieht man die Trajektorie
und die Kontrolltrajektorie für die in Bild 1-5 dargestellte Abfolge.

oberen oder dem unteren im Bild 1-6 dargestellten Teil der Fläche
(„Blatt"), das mittlere Blatt entspricht labilen Gleichgewichtszuständen.

Wir interpretieren das Diagramm in folgender Weise: Die Lage des
Punktes *P* wird durch einen Punkt in der *u-v*-Ebene repräsentiert,
die wir als *Kontrollraum* bezeichnen. Ändern sich die Kontrollvariablen *u* und *v*, dann bewegt sich der Kontroll-Punkt auf einen Weg,
den wir als *Kontrolltrajektorie* bezeichnen. Gleichzeitig bewegt
sich auch der Phasenpunkt auf einer Trajektorie in der Gleichgewichtsfläche, und zwar direkt über der Kontrolltrajektorie. Kleine
Änderungen in *u* und *v* führen fast immer zu kleinen Veränderungen in *x*. Ausnahmen treten nur dann auf, wenn die *Bifurkationsmenge* (*Katastrophenmenge*, engl. *bifurcation set*) $8u^3 + 27v^2 = 0$
von der Kontrolltrajektorie gekreuzt wird. Diese Katastrophenmenge ergibt sich, wenn wir die „Falten" der Gleichgewichtsfläche
auf die *u-v*-Ebene projizieren. Erreicht der Phasenpunkt das
„Ende" der Gleichgewichtsfläche (dort wo die Rückfaltung des
mittleren Blattes einsetzt), dann muß er auf das untere Blatt
springen. Dies führt zu einer plötzlichen Veränderung in *x* und
daher auch in θ.

Unsere graphische Darstellung bewährt sich auch bei der Behandlung komplizierterer Systeme. Gibt es nämlich *n* Zustandsvariable
und *m* Kontrollvariable, so erhalten wir einen $(n + m)$-dimensiona-
len Euklidischen Phasenraum R^{n+m}. Wenn sich nun der Kontroll-
punkt im *n*-dimensionalen Kontrollraum bewegt, so gleitet der
Phasenpunkt „über" den Kontrollpunkt in der Gleichgewichts-
hyperfläche. Ein plötzlicher Sprung tritt dann auf, wenn die
Bifurkationsmenge von der Kontrolltrajektorie überschritten wird.
Wiederum ergibt sich die Bifurkationsmenge als Projektion der
Falten unserer Gleichgewichtshyperfläche auf den Kontrollraum.
Dies klingt vielleicht etwas ungewohnt, doch ist R^{n+m} in vielen
Fällen dem R^3 ziemlich ähnlich. Wie der Leser bald merken wird,
kann das Verhalten auch in den höher dimensionalen Fällen an
Hand von Bild 1-6 relativ gut verstanden werden.

Zeeman (1976a) hat fünf typische Eigenschaften einer Kuspe
vorgeschlagen. Wir werden diese Liste später verwenden und

können die zugehörigen Eigenschaften entweder mit Hilfe von Bild 1-6 oder anhand einer wirklichen Katastrophenmaschine (am besten beides) darstellen.

Erstens wird es zu *plötzlichen Sprüngen* kommen, wie wir sie bereits kennengelernt haben. Zweitens ergibt sich eine Art *Hysterese:* Bewegen wir *P* über die „Diamantkurve" hin und zurück, so wird der Sprung nach rechts an einer anderen Stelle auftreten als der Sprung nach links. Zum dritten erhalten wir *Divergenz:* Starten wir mit *P* auf oder nahe der Achse, aber außerhalb der Diamantkurve und bewegen uns in ihr Inneres, dann wird das Auftreten einer Rechts- bzw. Linksbewegung von *Q* ausschließlich davon abhängen, auf welcher Seite von *B* das freie Ende von *P* sich bewegt. Zwei benachbarte Trajektorien verbinden die gleichen beiden Punkte und ergeben doch wesentlich verschiedenes Verhalten. Im Zusammenhang damit kommt es auch zur *Bimodalität:* Für bestimmte Positionen von *P* (innerhalb der „Diamantkurve") gibt es zwei mögliche Gleichgewichtspositionen von *Q*. Schließlich kommt es zur *Unerreichbarkeit:* Liegt *P* oberhalb oder unterhalb der „Diamantkurve", so können wir θ jeden beliebigen Wert geben, wenn wir *P* im rechten Winkel zur Achse bewegen; liegt *P* auf dem Niveau des „Diamanten", so gibt es bestimmte Werte von θ (z. B. $\theta = 0$), für die ein stabiles Gleichgewicht unmöglich ist. (Der Ausdruck „Unerreichbarkeit" bezeichnet eine Singularität, die mit ihrer Veränderung das lokale Verhalten des Systems beschreibt.)

All das können wir an Hand unserer Maschine leicht beobachten. Die prinzipielle Bedeutung dieser Erkenntnisse wird dann klar, wenn wir es mit Systemen zu tun haben, deren Mechanismus nicht so direkt analysiert werden kann und für die wir das Auftreten einer Kuspe nur vermuten können. Gerade dann wird uns die Zeemansche Liste Hinweise geben, nach welchen Phänomenen wir zu suchen haben.

An Hand unserer Katastrophenmaschine haben wir also folgende wichtige Erkenntnis gewonnen: Auch im Fall eines glatten Potentials kann diskontinuierliches Verhalten auftreten, wenn stabile stetige Zustände verlorengehen. Dieses Konzept ist für die Katastrophentheorie grundlegend. Die mathematischen Argumente der nächsten drei Kapitel werden sich daher hauptsächlich mit den Konfigurationen stabiler und labiler Gleichgewichte befassen.

Einiges müssen wir jedoch noch lernen. Zunächst sehen wir nun genauer, warum die Katastrophentheorie „qualitative" Resultate ergibt. Wir haben die Analyse bis jetzt mithilfe von Standardverfahren durchgeführt und daher quantitative Ergebnisse erhalten. Dies war jedoch nicht wirklich unser Ziel; wir haben zugleich zu viel und zu wenig erreicht. Zunächst wollten wir nicht das Verhalten unserer speziellen Maschine (Bild 1-1) vorhersagen, deren Dimensionen wir vor allem im Hinblick auf möglichst bequeme Rechenvorgänge gewählt haben. Wir wollten vielmehr verstehen, warum eine Maschine überhaupt jene besondere Art von sprunghaftem Verhalten an den Tag legt. Mit unseren konventionellen Methoden konnten wir das Auftreten der Diskontinuitäten sogar präzise lokalisieren, allerdings nur für unsere etwas idealisierte Maschine. Was wir nicht gefunden haben — und dies wollten wir eigentlich wissen, weil es im allgemeinen (nicht immer zutreffender Weise) als selbstverständlich angenommen wird —, ist die Antwort auf die naheliegende Frage, ob nämlich das Verhalten für jede einigermaßen ähnliche Maschine das gleiche sein wird und ob die Kurve jener Punkte, an denen die Sprünge auftreten, stets eine „Diamantkurve" sein wird. Es ist dies jene Art von qualitativen Resultaten, wie sie die Katastrophentheorie im allgemeinen ergibt.

Wie steht es nun um den „lokalen" Charakter unserer Resultate? Unsere Analyse war tatsächlich lokal, wir haben uns auf die infinitesimale Umgebung des Punktes B beschränkt. Die Resultate gelten allerdings für einen viel größeren Bereich. Wenn wir nämlich alle vier Kuspen lokalisiert haben, können wir mit Hilfe der Reihenentwicklung das qualitative Verhalten der Maschine vollständig beschreiben (Zeeman, 1972a; für eine vollständige quantitative Analyse siehe Poston und Woodcock, 1973). Dies ist für viele Anwendungen der Katastrophentheorie charakteristisch, wenn wir nämlich das Wort „lokal" auf Erscheinungen beziehen, die „im Zusammenhang mit einer vorgegebenen Singularität" auftreten.

Im Fall der Katastrophenmaschine prognostiziert die Katastrophentheorie (ebenso wie unsere bisherige Analyse) das Muster des

Sprungverhaltens in der „Nähe" der beiden Kuspe, also längs des jeweils zugehörigen „Halbdiamanten". Weiter weg ist die lokale Analyse allerdings nicht anwendbar, weil das System unter dem Einfluß eines anderen *„Organisationszentrums"* steht.

Eine Gravitations-Katastrophenmaschine

Poston (1976) hat eine Anzahl von Katastrophenmaschinen angegeben, deren potentielle Energie gravitativ ist. Eine davon ist in Bild 1-7 dargestellt. Dabei wird folgendes Konstruktionsverfahren empfohlen: Aus Karton schneide man eine parabelförmige Fläche

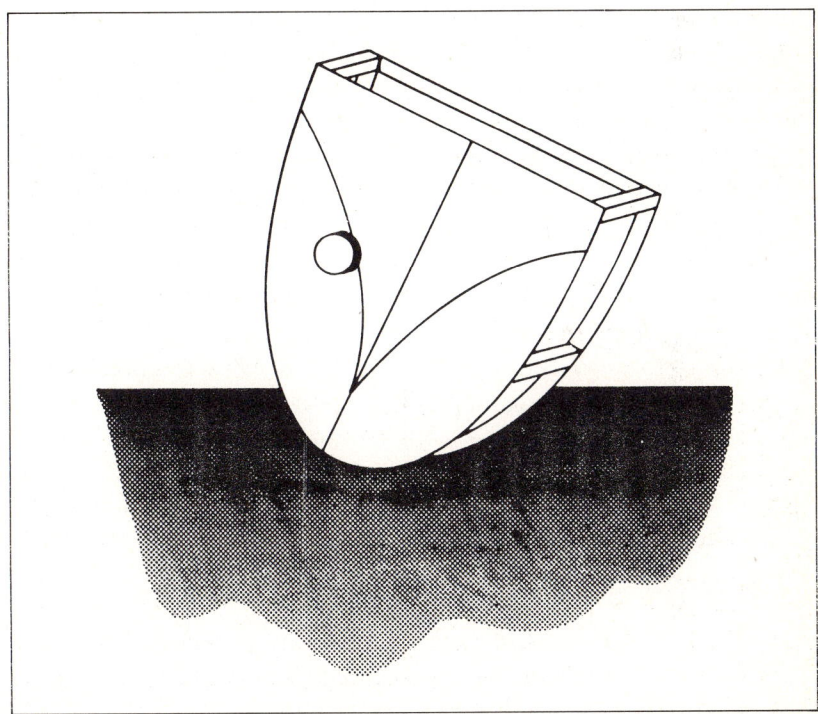

Bild 1-7 Eine Gravitations-Katastrophenmaschine

und fertige zusätzlich einen parabelförmigen Streifen an, dessen
äußere Kante zum ersten Stück kongruent ist. Die Figuren müssen
glatt sein und dürfen keine Ecken oder geradlinigen Stücke aufweisen. Mit Hilfe von sechs Stützen aus Balsa-Holz oder gefalteter
Pappe werden die zwei Teile am Rand miteinander verbunden.
Hinter der einen Parabelfläche befestige man einen kleinen schwe-
ren Magneten und bringe davor ein Metallstück (oder einen anderen
Magneten) an.

Wir wollen nun untersuchen, was geschieht, wenn der Magnet
langsam über die Parabelfläche bewegt wird. Wir wählen die Achse
der Parabel als x-Achse und ihren Scheitel als Ursprung (wie
üblich). Ihre Gleichung lautet dann $y^2 = 4ax$, die Koordinaten
jedes Punktes können mit Hilfe von $(at^2, 2at)$ in Parameterform
dargestellt werden.

Der Magnet befinde sich nun im Punkt (X, Y); der Berührungspunkt
der Parabel mit dem Tisch habe den Parameter t. Die Gleichung
der Tangente in diesem Punkt lautet

$$x - ty + at^2 = 0.$$

Der Normalabstand zwischen (X, Y) und dieser Tangente (also
die Höhe des Magneten oberhalb des Tisches) ist durch

$$h = \frac{X - tY + at^2}{\sqrt{(1 + t^2)}}$$

gegeben.

Da der Magnet viel schwerer als die restliche Maschine ist, können
wir (X, Y) als Schwerpunkt des Systems annehmen. Die potentielle
Energie ist durch mgh gegeben, wobei m der Masse des Magneten
und g der Gravitationskonstante entspricht. Um die Gleichgewichtslage der Maschine zu finden, setzen wir dh/dt gleich Null:

$$0 = [at^3 + (2a - X)t - Y](1 + t^2)^{-3/2}.$$

Da $(1 + t^2)$ nicht verschwinden kann, ergibt sich für das Gleichgewicht eine kubische Gleichung, und wir befinden uns anscheinend
auf vertrautem Gebiet. Wir müssen dies allerdings insofern erst

beweisen, als t auch im anderen Faktor auftritt, so daß sich die Frage nach dem Verhalten der höheren Ableitungen stellt.

Tatsächlich kommen wir zu interessanten Erkenntnissen. Wir betrachten zwei Funktionen $u(x)$ und $v(x)$ und nehmen $u(x_0) = 0$ sowie $v(x_0) > 0$ an. Es sei $f(x) = uv$. Dann gilt nach der Leibnizschen Regel

$$f' = u'v + uv',$$
$$f'' = u''v + 2u'v' + uv'',$$
$$f''' = u'''v + 3u''v' + 3u'v'' + v''',$$

usw. Aus $u(x_0) = 0$ folgt

$$f'(x_0) = u'(x_0)\, v(x_0),$$

so daß f' an der Stelle x_0 das gleiche Vorzeichen hat wie u'. Verschwindet u' bei x_0, so gilt dies auch für f', so daß f'' und u'' das gleiche Vorzeichen aufweisen. Verschwinden u' und u'' bei x_0, so gilt dies auch für f' und f'', in diesem Falle hat f''' das gleiche Vorzeichen wie u''' usw.

Wenn also die ersten r Ableitungen von u verschwinden, dann (und nur dann) verschwinden auch die ersten r Ableitungen von f und die $(r + 1)$-ten, Ableitungen der beiden Funktionen haben darüber hinaus das gleiche Vorzeichen. Zur Bestimmung der Anzahl kritischer Punkte und ihres Typs müssen wir daher nicht mit dh/dt arbeiten, sondern können stattdessen die einfachere Funktion

$$at^3 + (2a - X)t - Y$$

benutzen. Tatsächlich geht es nicht um das Potential selbst, sondern nur um seine Ableitungen. Wie wir sehen, kann die Maschine *für unsere Zwecke* durch ein Potential-Polynom der Form

$$V(t) = \frac{1}{4}at^4 + \left(a - \frac{1}{2}X\right)t^2 - Yt$$

beschrieben werden.

Wenn wir $V(t)$ nun mit dem Potential der Zeemanschen Katastrophenmaschine vergleichen, können wir auch das Verhalten

unserer neuen Maschine vorhersagen. Wir zeichnen auf die Parabelfläche die Kuspe mit der Gleichung

$$27\, ay^2 + 4\, (2a - x)^3 = 0.$$

Solange der Magnet diese Kurve nicht überschreitet, wird die
Maschine auf seine Bewegung mit einer stetigen Veränderung
ihres Auflagepunktes reagieren. Wenn der Magnet allerdings über
einen der beiden Kurvenzweige in das Innere der Kurve eindringt
und auf der anderen Seite wieder austritt, wird die Maschine sehr
abrupt eine andere Position einnehmen.

Damit ist eine für die gesamte Katastrophentheorie sehr wichtige
Idee veranschaulicht. Die tatsächliche potentielle Energie der
Maschine ist natürlich *mgh*. Wir müssen diesen Ausdruck spezifizieren, wenn wir genauere Aussagen über die Energie machen oder
das dynamische Verhalten der Maschine vorhersagen wollen —
etwa, um die Geschwindigkeit zu berechnen, mit der eine Gleichgewichtsposition eingenommen werden wird. Um aber das Gleichgewicht selbst zu lokalisieren und dessen Stabilität zu untersuchen,
um ferner die Lage und das Zustandekommen der Diskontinuitäten
zu erklären, können wir das Potential durch ein Polynom mit den
gleichen kritischen Punkten ersetzen. Wir haben das Polynom hier
aus dem wirklichen Potential hergeleitet; im Rahmen der Katastrophentheorie hätten wir von vornherein von einem Polynom
vierter Ordnung ausgehen können, ohne das Potential überhaupt
anzuschreiben.

2
Grundlagen

Wie jede andere neue Entwicklung hängt die Katastrophentheorie mit einer Anzahl von Konzepten zusammen, die für einen mit dem Gebiet nicht vertrauten Leser ungewohnt erscheinen mögen. Kapitel 2 soll eine möglichst einfache Einführung in diese Konzepte geben. Etwas ausführlicher, aber immer noch einigermaßen verständlich werden die Konzepte von Poston und Stewart (1978a) dargestellt. Mathematiker werden wahrscheinlich Lu (1976) oder für vollständige Beweise Bröcker und Lander (1975) sowie Trotman und Zeeman (1976) vorziehen.

Strukturelle Stabilität

Wissenschaft nimmt implizit an, daß es im Unversum eine bestimmte Art von Ordnung gibt und daß insbesondere Experimente im allgemeinen wiederholbar sind. Wir verlangen von der Natur jedoch nicht nur die Wiederholbarkeit, sondern einiges mehr, auch wenn dies häufig übersehen wird. Oft sind die Bedingungen, unter denen ein Experiment durchgeführt wird, gar nicht exakt reproduzierbar. Der Anteil eines Reaktanden in einer chemischen Reaktion mag sich um 0,001 % verändert haben, die Temperatur könnte um 0,0002 K gestiegen sein, der Abstand des Labors vom Mond wird sich ebenfalls geändert haben. So nehmen wir nicht nur an, daß die Wiederholung eines Experimentes unter den exakt gleichen Bedingungen das exakt gleiche Ergebnis bringt, sondern daß die Wieder-

holung des Experiments unter näherungsweise gleichen Bedingungen auch näherungsweise gleiche Resultate produziert. Diese
Eigenschaft ist als strukturelle Stabilität bekannt. Sie unterscheidet
sich nicht sehr wesentlich von der Stabilität, die wir aus der
elementaren Mechanik kennen; dort soll das System ja nicht
gegen Abweichungen aus dem Gleichgewicht, sondern gegen
Abweichungen in den experimentellen Randbedingungen stabil
sein.

Das Konzept der strukturellen Stabilität findet sich auch in der
Mathematik. Tatsächlich hat es dort seinen Ursprung. Betrachten
wir etwa eine m-parametrige Familie von Funktionen. Wenn die
Parameter kontinuierlich variieren, so können wir sie als Koordinaten in einem m-dimensionalen Raum auffassen, so daß jede Funktion durch einen Punkt in diesem Raum dargestellt ist. Gehört die
Funktion f_P zum Punkt P und liegt Q hinreichend nahe bei P, so
nennen wir f_P eine strukturelle stabile oder *generische Funktion*
der Familie, wenn f_Q die gleiche Form hat wie f_P. Die Menge
aller Punkte P, deren zugehörige Funktionen generisch sind, wird
Untermenge der generischen Punkte genannt. Die zugehörige
Komplementärmenge, also die Menge aller Punkte P, deren f_P
nicht generisch ist, wird *Bifurkationsmenge* genannt.

Wir können die strukturelle Stabilität auch für eine Familie von
Funktionen (eine Unterfamilie der Funktionenfamilie, von der wir
ausgegangen sind) definieren. In diesem Fall soll die qualitative
Natur der Familie von kleinen Störungen unbeeinträchtigt bleiben.
Dann muß das individuelle Mitglied der Familie unabhängig von
seiner Form sowohl in der ursprünglichen als auch in der gestörten
Familie auftreten, die topologische Struktur Bifurkationsmenge
muß erhalten bleiben.

Im Zusammenhang mit diesen Definitionen sind zwei Punkte
zu beachten. Zunächst haben wir die strukturelle Stabilität für eine
gegebene Familie von Funktionen definiert und den Ausdruck
„von der selben Form" vorläufig undefiniert gelassen. Für jeden
Spezialfall müssen die Definitionen präzisiert werden, um das

Problem beschreiben zu können. Dies mag einem seltsam vorkommen, ist aber auch bei gewöhnlichen Stabilitätsproblemen genauso: Wir müssen für jedes Problem gesondert spezifizieren, welche Art von Störungen wir zulassen und welche Endzustände wir als äquivalent zu den Anfangszuständen betrachten.

Eine gewisse Verwirrung könnte auch dadurch entstehen, daß wir normalerweise

$$f(x) = x^4 + ux^2 + vx$$

als Funktion bezeichnen, obwohl wir damit in Wirklichkeit eine zwei-parametrige Funktionenfamilie meinen. Aus Gründen der Einfachheit und um überflüssige Pedanterie zu vermeiden, werden wir jedoch weiterhin dem allgemeinen Sprachgebrauch folgen und den Ausdruck „Funktionenfamilie" nur dann verwenden, wenn dies aus Gründen der Eindeutigkeit unbedingt notwendig ist. Wenn wir also sagen, die obige Funktion $f(x)$ sei strukturell stabil, meinen wir in Wirklichkeit die Stabilität der entsprechenden zweiparametrigen Familie. Andererseits können wir die Aussage auch so interpretieren, daß $f(x)$ für *fast alle* Werte von u und v stabil ist, wenn wir die mathematische Konvention übernehmen, nach der „fast alle" eine „möglicherweise unendliche Anzahl von Ausnahmen" zuläßt. So können wir beispielsweise sagen, daß fast alle Punkte der Ebene nicht auf der x-Achse liegen.

Nehmen wir als spezielles Beispiel einer Funktionenfamilie etwa die Polynome in einer Variablen x und mit einer Ordnung kleiner oder gleich N. Wir können N beliebig groß annehmen, vermeiden aber durch die Bedingung eines endlichen N unnötige Komplikationen. Die Koeffizienten können als Parameter der Familie betrachtet werden, so daß zwei Polynome „benachbart" genannt werden, wenn alle ihre Koeffizienten im üblichen Sinne des Wortes nahe beieinander liegen. Im Hinblick auf die Potentiale, die wir im ersten Kapitel diskutiert haben, werden wir von zwei Polynomen sagen, sie hätten den gleichen Typ, wenn sie in der Umgebung von $x = 0$ die gleiche Konfiguration kritischer Punkte aufweisen.

Ein Mitglied der Familie ist x^4. Um zu untersuchen, ob dieses Polynom stabil ist oder nicht, vergleichen wir es mit dem Nachbarpolynom

$$W(x) = x^4 + \alpha x^p,$$

wobei $|\alpha|$ klein ist und p für eine ganze Zahl steht. Nun hat x^4 in der Umgebung des Ursprungs ein Minimum, das gleiche gilt mit $p \geqslant 4$ auch für $W(x)$. Für $p = 3$ hat $W(x)$ allerdings am Ursprung einen Wendepunkt und an der Stelle $x = -\frac{3}{4}\alpha$ ein Minimum. Für $p = 2$ und $\alpha < 0$ zeigt $W(x)$ am Ursprung ein Maximum und an den Stellen $x = \pm\sqrt{(-\frac{1}{2}\alpha)}$ Minima. Für $p = 1$ liegt ein Minimum von $W(x)$ bei $x = \sqrt[3]{(-\frac{1}{4}\alpha)}$, wobei ein kleiner linearer Term möglicherweise den Typ verändert: Die Funktion

$$f(x) = x^4 + \alpha x^2 + \beta x$$

kann (wie wir schon gesehen haben) ein Minimum und einen Wendepunkt in der Umgebung von $x = 0$ besitzen, sie ist daher nicht vom gleichen Typ wie $x^4 + \alpha x^2$.

Natürlich betrachten wir stets das Verhalten in der Nähe des Ursprungs. Für ein beliebiges $\epsilon > 0$ können wir stets ein Polynom der Form $x^4 + \alpha x^2$ wählen, das hinreichend nahe bei x^4 (entsprechend kleines $|\alpha|$) liegt, um die zusätzlichen kritischen Punkte in einer ϵ-Umgebung von $x = 0$ einzuschränken. Dies gilt nicht für $x^4 + \alpha x^5$, weil der zusätzliche kritische Punkt bei $x = -\frac{4}{5\alpha}$ für beliebig kleine $|\alpha|$ beliebig weit vom Ursprung entfernt ist.

Somit ist x^4 strukturell instabil, denn es gibt benachbarte Polynome, die nicht den gleichen Typ aufweisen. Auch die Familie $x^4 + \alpha x^2$ ist nicht strukturell stabil. Andererseits ist die Familie

$$\widetilde{V}(x) = x^4 + \alpha x^3 + \beta x^2 + \gamma x + \delta$$

strukturell stabil, da durch Hinzufügen eines Terms fünfter oder höherer Ordnung der Typ nicht verändert wird und die Terme niedriger Ordnung ohnedies alle auftreten, so daß ihre Hinzufügung nichts verändert.

Wir müssen nicht alle Terme niedriger Ordnung berücksichtigen, um eine strukturell stabile Funktion erhalten. Jedes Polynom $\widetilde{V}(x)$ kann durch eine Nullpunktverschiebung ohne kubischen oder ohne konstanten Term dargestellt werden. Alle Typen der Familie $\widetilde{V}(x)$ kommen daher auch in der Familie

$$V(x) = x^4 + ux^2 + vx$$

vor, die daher ebenfalls strukturell stabil ist. In diesem Sinne kann das instabile Polynom x^4 durch Hinzufügen zweier Terme stabilisiert werden.

Wir nennen $V(x)$ die *Entfaltung* der Singularität x^4. Dies bedeutet mit anderen Worten, daß x^4 scheinbar nur einen kritischen Punkt aufweist, während es sich in Wirklichkeit um drei zusammenfallende kritische Punkte handelt. Durch eine geeignete Störung dieser Funktion können wir die kritischen Punkte voneinander trennen.

Die resultierende Typenvielfalt ist größer, als es ursprünglich den Anschein hatte. Dies erinnert an die Entfaltung einer Blütenknospe.

Sowohl $\widetilde{V}(x)$ als auch $V(x)$ sind strukturell stabil, während $x^4 + \alpha x^2$ als Beispiel für eine strukturell instabile Entfaltung steht. Entfaltungen, die wie $V(x)$ sind und die eine für stabile (sogenannte *verselle*) Entfaltungen minimale Parameterzahl aufweisen, werden *universell* genannt. Eines der wichtigen Theoreme, die wir nicht beweisen werden, rechtfertigt diesen Namen durch den Nachweis, daß zwei universelle Entfaltungen der gleichen Singularität äquivalent sind.

Bisher haben wir nur Polynome diskutiert. Diese Einschränkung ist jedoch weniger weitgehend, als es scheinen könnte, weil jede hinreichend glatte Funktion einer Variablen — zumindest formal — in eine Taylor-Reihe entwickelt werden kann. Der Koeffizient von x^n ist (abgesehen vom Faktor $1/n!$) gleich der n-ten Ableitung $f^{(n)}(0)$. Wie wir nun aus der elementaren Infinitesimalrechnung wissen, ist die Natur des kritischen Punktes einer Funktion einer Variablen im üblichen durch das Vorzeichen der zweiten Ableitung bestimmt. Verschwindet diese Ableitung, so müssen wir die dritte

Ableitung untersuchen. Verschwindet auch diese, müssen wir zur
vierten Ableitung übergehen usw. Gelangt man auf diese Weise um
n Glieder über die zweite Ableitung hinaus, ehe man die Natur des
kritischen Punktes bestimmen kann, so spricht man von einer
n-fachen Entartung. In diesem Fall benötigen wir dann n Entfaltungsparameter, um sie zu stabilisieren, einen für jeden fehlenden
Term.

In fast allen Fällen findet sich unter Berücksichtigung des gewählten
Potentials ein nicht verschwindender Term in der Reihe. Für die
Systeme des ersten Kapitels war es der x^4-Term. Der Rest der
Reihe kann dann vernachlässigt werden, weil dieser Term die
Natur der kritischen Punkte bestimmt, wenn es kein anderer Term
vor ihm tut. Somit ergibt sich als wichtige Konsequenz, daß wir
uns nicht mit dem Verhalten des Reihentestes oder mit der Kon-
vergenz der Reihe (oder dem zugehörigen Grenzwert) befassen
müssen — um mit Zeemans Worten zu sprechen, gestatten wir es
dem Schwanz nicht länger, mit dem Hund zu wedeln.

Die Größe $V(x)$, die wir soeben als universelle Entfaltung der
Singularität x^4 gewonnen haben, stimmt mit jener Funktion überein, auf die wir bei unserer Beschäftigung mit den Katastrophenmaschinen gestoßen sind. Wir können daher die beiden beschriebenen Arten der strukturellen Stabilität miteinander in Verbindung
bringen. Die Zeeman-Maschine verhält sich nicht immer stabil.
Unter bestimmten Umständen wir durch eine kleine Veränderung
in der Position des freien Endes eine signifikante Veränderung in
der Zeigerrichtung hervorgerufen. Die Instabilitäten sind allerdings
isoliert; im allgemeinen verhält sich die Maschine nämlich stetig,
kann dann aber eine plötzliche abrupte Veränderung vollziehen
und reagiert in der Folge wieder stetig. Auch in einem anderen
Sinn ist das Verhalten stetig: Wiederholen wir ein Experiment so
genau wie möglich, dann erwarten wir auch die gleiche Abfolge
und den plötzlichen Sprung an ungefähr der gleichen Stelle. Wir
können also sagen, daß die strukturelle Instabilität auf eine strukturell stabile Art auftritt.

Mathematisch läßt sich dies in folgender Weise ausdrücken: Der Vorgang wird von einer Familie von Potentialen beherrscht, die selbst strukturell stabil ist, aber eine *nirgends dichte* Untermenge von nicht-generischen Potentialen enthält. (Für unsere Zwecke verstehen wir unter „nirgends dicht" nichts anderes als „von einer niedrigeren Dimension als die Gesamtfamilie"; auf diese Weise werden „fast alle" Trajektorien die Untermenge in isolierten Punkten des Kontrollraumes schneiden). Diese Untermenge ist also verantwortlich für die Unstetigkeiten, die uns an dem Vorgang interessieren, während die strukturelle Stabilität der Familie die näherungsweise Wiederholbarkeit der Experimente sicherstellt.

Nicht alle natürlichen Systeme sind strukturell stabil, und auch nicht alle dynamischen Systeme in der Mathematik. In beiden Fällen gibt es Beispiele für Systeme, deren Instabilitäten nicht isoliert sind. Wir werden in diesem Buch derart wesentlich instabile Systeme nicht untersuchen. Zum Glück können wir unsere Aufmerksamkeit auf stabile Systeme konzentrieren, weil genau sie der Analyse zugänglich sind. Trotzdem müssen wir wissen, daß es auch andere Systeme gibt.

Das Spaltungslemma

Die meisten Systeme können nicht durch eine einzige Zustandsvariable adäquat beschrieben werden; wir müssen unsere Konzepte daher auch für den allgemeineren Fall entwickeln. Dazu wollen wir zunächst die kritischen Punkte von Funktionen zweier Variabler analysieren; wir werden dadurch nicht nur hinreichende Einsichten über die zusätzlich auftretenden Phänomene gewinnen, sondern es wird sich auch herausstellen, daß wir es in der Folge nur mit Potentialen, die von einer oder zwei Variablen abhängen, zu tun haben.

Es sei $f(x, y)$ eine glatte Funktion von x und y, die am Ursprung einen kritischen Punkt besitzt (die Indizes beschreiben partielle Ableitungen). Es folgt

$$f(0, 0) = f_x(0, 0) = f_y(0, 0).$$

Wir erhalten dann für die Taylor-Reihe von f

$$f(x, y) = \frac{1}{2}(ax^2 + 2\,hxy + by^2) + \text{Terme höherer Ordnung}$$

mit

$$a = \frac{\partial^2 f}{\partial x^2}, \quad b = \frac{\partial^2 f}{\partial x \partial y}, \quad b = \frac{\partial^2 f}{\partial y^2}.$$

Wie wir nun aus jedem Lehrbuch der analytischen Geometrie wissen, beschreibt die Kurve

$$ax^2 + 2\,hxy + by^2 = F$$

mit der Konstanten F einen Kegelschnitt. Für $ab - h^2 > 0$ ist dies entweder eine Ellipse ($aF > 0$), oder es gibt keine reellen Punkte ($aF < 0$). Für $ab - h^2 < 0$ erhalten wir eine Hyperbel, wobei das Vorzeichen von aF festlegt, welche der beiden Hauptachsen die Querachse ist. Es folgt (wenn wir die Schnitte der Fläche $z = f(x, y)$ mit der Ebene $z = \pm \epsilon$ für kleines $|\epsilon|$ untersuchen), daß die hinreichenden Bedingungen für die folgenden Arten von kritischen Punkten der Funktion $f(x, y)$ lauten

$$\text{Maximum: } \Delta > 0, \frac{\partial^2 f}{\partial x^2} < 0,$$

$$\text{Minimum: } \Delta > 0, \frac{\partial^2 f}{\partial x^2} > 0,$$

$$\text{Sattel: } \quad \Delta < 0.$$

Der Einfachheit haben wir geschrieben

$$\Delta = \frac{\partial^2 f}{\partial x^2} \frac{\partial^2 f}{\partial y^2} - \left(\frac{\partial^2 f}{\partial x \partial y}\right)^2$$

Der Fall $\Delta = 0$ muß gesondert untersucht werden.

In der Umgebung eines nicht entarteten kritischen Punktes kann eine Funktion einer (einzigen) Variablen durch eine Parabel angenähert werden, die sich für ein Minimum nach oben, und für ein Maximum nach unten öffnet. Dies können wir in folgender Weise auf eine Funktion zweier Variablen verallgemeinern: In der Nähe eines nicht entarteten kritischen Punktes kann die Funktion entweder durch ein elliptisches Paraboloid (für ein Maximum oder ein Minimum) oder ein hyperbolisches Paraboloid (für einen Sattelpunkt) angenähert werden (Bild 2-1).

An dieser Stelle endet die Untersuchung in den meisten Lehrbüchern, weil damit fast alle Fälle untersucht sind. Aber genau an diesem Punkt wird es für uns interessant. Funktionen mit $\Delta = 0$ sind strukturell instabil, denn es gibt Funktionen, die beliebig nahe zu denen mit $\Delta > 0$ und $\Delta < 0$ liegen und die sich im Typ im allgemeinen unterscheiden.

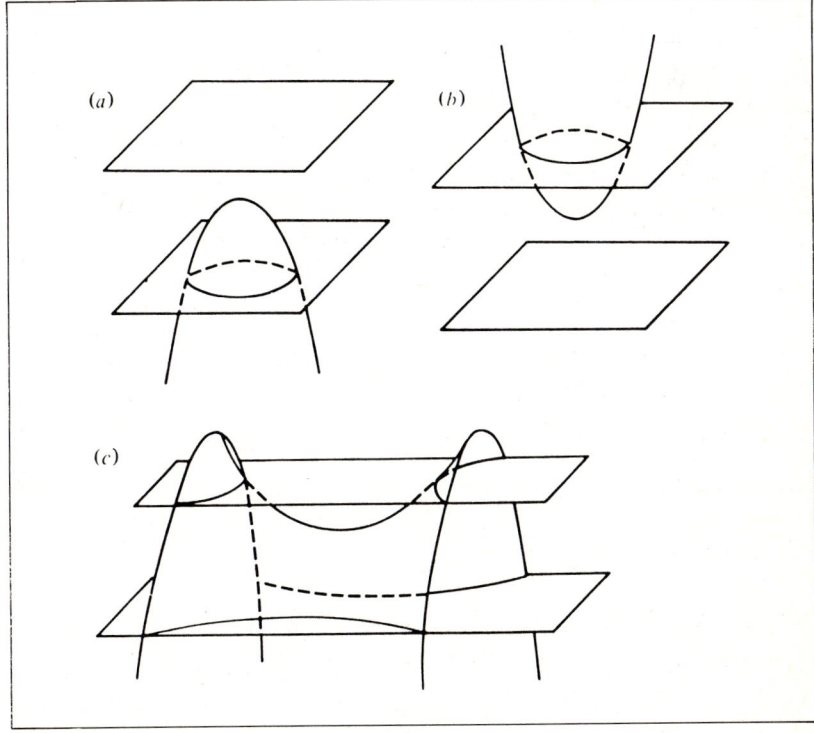

Bild 2-1 Kritische Punkte in drei Dimensionen:
(*a*) Maximum, (*b*) Minimum, (*c*) Sattel

Folgende beiden Fälle müssen wir auseinanderhalten: Δ kann verschwinden, wenn alle Ableitungen zweiter Ordnung am Ursprung gleich Null sind, so daß $f(x, y)$ klarerweise sowohl in x-Richtung als auch in y-Richtung entartet ist. Andererseits gilt im Falle $f_{xx} f_{yy} = (f_{xy})^2$ die Relation $\Delta = 0$ auch dann, wenn die Ableitungen nicht alle verschwinden. Nun ist für $ab - h^2 = 0$ der Ausdruck $|ax^2 + 2hxy + by^2|$ ein Quadrat, so daß wir

$$f(x, y) = \pm \frac{1}{2} (px + qy)^2 + \text{Terme höherer Ordnung}$$

schreiben können mit

$$p = \sqrt{|a|}, \quad q = \sqrt{|b|}.$$

Diese Form der Entwicklung legt uns eine Drehung der Achsen nahe. Wir führen die neuen Koordinaten u, v ein

$$u = \frac{px + qy}{\sqrt{p^2 + q^2}}, \quad v = \frac{qx - py}{\sqrt{p^2 + q^2}}$$

und können nun die partiellen Ableitungen erster und zweiter Ordnung von f nach u und v direkt berechnen. Am Ursprung erhalten wir folgende Werte

$$\frac{\partial f}{\partial u} = \frac{\partial f}{\partial v} = \frac{\partial^2 f}{\partial v^2} = \frac{\partial^2 f}{\partial u \partial v} = 0$$

$$\frac{\partial^2 f}{\partial u^2} = \pm (p^2 + q^2) \neq 0.$$

So hat f entweder ein Maximum oder ein Minimum (je nach Vorzeichen) in der u-Richtung. Damit wissen wir jedoch nicht, was in der v-Richtung geschieht. Die Fläche $z = f(x, y)$ ist bis zur zweiten Ordnung ein parabolischer Zylinder (Bild 2-2).

Genauer gesagt, können wir das Verhalten in jeder Richtung mit Ausnahme der v-Richtung vorhersagen. Wir sehen dies, wenn wir $w = u \sin \theta + v \cos \theta$ setzen. Dann erhalten wir am Ursprung

$$\frac{df}{dw} = \sin \theta \, \frac{\partial f}{\partial u} + \cos \theta \, \frac{\partial f}{\partial v} = 0$$

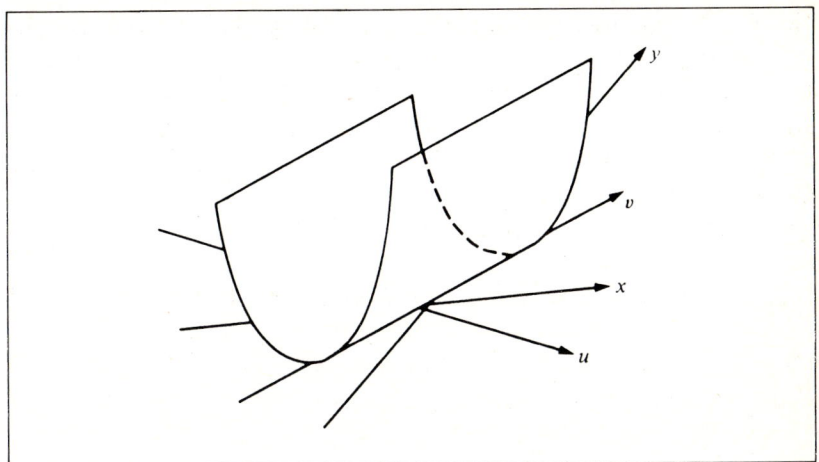

Bild 2-2

und

$$\frac{d^2 f}{dw^2} = \sin^2\theta \, \frac{\partial^2 f}{\partial u^2} + 2\sin\theta\cos\theta \, \frac{\partial^2 f}{\partial u \partial v} + \cos^2\theta \, \frac{\partial^2 f}{\partial v^2}$$

$$= \sin^2\theta \, \frac{\partial^2 f}{\partial u^2} \, .$$

Die Funktion f wird sich daher in der w-Richtung genauso verhalten wie in der u-Richtung, solange $\theta \neq 0$. Für $\theta = 0$, d. h. in der v-Richtung, reduziert sich die Taylor-Reihe für f auf

$$f = \frac{v^3}{3!} \, \frac{\partial^3 f}{\partial v^3} + \frac{v^4}{4!} \, \frac{\partial^4 f}{\partial v^4} + \ldots$$

und wir sind damit wieder bei dem Fall mit einer Variablen angelangt, den wir bereits behandelt haben. Die Variable u spielt in unserer Untersuchung keine weitere Rolle mehr. So konnten wir zeigen, daß die Funktion f für $\Delta = 0$ nur dann zweifach entartet ist, wenn alle Ableitungen zweiter Ordnung verschwinden. Tun sie dies nicht, dann können wir das Problem durch eine einfache

Koordinatentransformation auf die Untersuchung einer Funktion
in einer Variablen reduzieren.

Dieses Resultat kann auf eine beliebige Anzahl von Variablen
verallgemeinert werden. Es sei $f(x_1, x_2, \ldots x_n)$ eine Funktion von n
unabhängigen Variablen mit einem kritischen Punkt am Ursprung,
so daß f und alle partiellen Ableitungen 1. Ordnung dort verschwinden. Dann bilden wir von dieser Funktion f die Hessesche
Matrix:

$$
\begin{bmatrix}
\dfrac{\partial^2 f}{\partial x_1^2} & \dfrac{\partial^2 f}{\partial x_1 \partial x_2} & \dfrac{\partial^2 f}{\partial x_1 \partial x_3} & \cdots & \dfrac{\partial^2 f}{\partial x_1 \partial x_n} \\[2mm]
\dfrac{\partial^2 f}{\partial x_2 \partial x_1} \dfrac{\partial^2 f}{\partial x_2^2} & & \dfrac{\partial^2 f}{\partial x_2 \partial x_3} & \cdots & \dfrac{\partial^2 f}{\partial x_2 \partial x_n} \\[2mm]
\cdots & & \cdots & & \cdots \\[2mm]
\dfrac{\partial^2 f}{\partial x_n \partial x_1} & \dfrac{\partial^2 f}{\partial x_n \partial x_2} & \dfrac{\partial^2 f}{\partial x_n \partial x_3} & \cdots & \dfrac{\partial^2 f}{\partial x_n^2}
\end{bmatrix}
$$

Hat die Hessesche Matrix den Rang n, verschwindet ihre Determi-
nante also nicht, dann gibt es eine Koordinatentransformation,
mit deren Hilfe wir f in der Form

$$ f = e_1 x_1^2 + e_2 x_2^2 + \ldots + e_n x_n^2 + \text{Terme höherer Ordnung} $$

schreiben. Jede der Konstanten e_i ist gleich ± 1. Den Typ können
wir nun direkt an der Anzahl von Plus- bzw. Minus-Zeichen ab-
lesen, f ist strukturell stabil.

Hat die Hessesche Matrix andererseits den Rang $n - r$ für ein $r > 0$,
dann gibt es eine Koordinatentransformation, mit deren Hilfe wir
f in die Form

$$ f = e_{r+1} x_{r+1}^2 + e_{r+2} x_{r+2}^2 + \ldots + e_n x_n^2 + \text{Terme höherer Ordnung} $$

bringen können. Die strukturelle Instabilität ist auf die Variablen
$x_1, x_2, \ldots x_r$ beschränkt und kann allein durch eine Analyse dieser
Variablen studiert werden. Die restlichen Variablen x_{r+1}, x_{r+2},
$\ldots$, x_n können wir vernachlässigen.

Dieses Resultat heißt *Spaltungslemma*, weil wir mit seiner Hilfe die
Variablen in zwei Klassen aufteilen können — in *„wesentliche
Variable"*, die mit der strukturellen Instabilität verbunden sind,
und *„unwesentliche Variable"*, für die dies nicht der Fall ist; die
zweite Klasse können wir außer betracht lassen. Die Anzahl der
Katastrophenarten, die auftreten können, hängt nicht von der
Anzahl der Zustandsvariablen n, sondern nur von der Anzahl der
wesentlichen Variablen r ab. Diese Zahl werden wir den *Korang*
der Hesseschen Matrix bzw. der Funktion f nennen. Der Korang
gibt uns an, in wieviele Richtungen die Funktion entartet ist.

Kodimension

Wenn Studenten einmal gelernt haben, daß eine einzige Gleichung
in der Ebene üblicherweise eine Kurve beschreibt, so sind sie zumeist sehr erstaunt, wenn sie dann zur analytischen Geometrie
des dreidimensionalen Raumes weitergehen und erfahren, daß
eine einzige Gleichung nun nicht eine Kurve, sondern eine Fläche
darstellt. Wenn sie zum vierdimensionalen Raum übergehen, um
sich beispielsweise mit der Relativitätstheorie zu beschäftigen,
müssen sie schließlich erkennen, daß nun eine einzige Gleichung
eine dreidimensionale Hyperfläche beschreibt, während man für
eine zweidimensionale Fläche zwei Gleichungen und für eine
Kurve drei Gleichungen benötigt. Damit aber stellt sich folgende
Gesetzmäßigkeit heraus: Die Anzahl der Gleichungen, die zur
Darstellung eines geometrischen Objektes erforderlich sind, entspricht ganz allgemein der Differenz zwischen der Dimension des
Objektes und der Dimension des Raumes, in den es eingebettet ist.
Diese Größe nennen wir Kodimension des Objektes.

Objekte mit der gleichen Kodimension haben bestimmte Eigenschaften gemeinsam, abgesehen (wenn auch nicht unabhängig) von
der Übereinstimmung in der Anzahl zugehöriger Gleichungen. So
kann z. B. nur ein Objekt mit Kodimension 1 den R^n in zwei
getrennte Teile zerlegen: Ein Punkt teilt eine Gerade, eine Gerade
teilt eine Ebene (das Gleiche tut auch jede einfach geschlossene

Kurve, sie teilt eine Ebene nämlich in eine Innenseite und eine Außenseite), eine Ebene teilt den R^3, und die gesamte Raum-Zeit (wenn wir ihr die globale Topologie des R^4 geben) wird durch den dreidimensionalen „Schnappschuß" des heutigen Universums, den wir der Hyperfläche $t = t_0$ zuordnen, in Vergangenheit und Zukunft geteilt.

Die Kodimension ist noch mit einer anderen interessanten Eigenschaft verknüpft: Sie wird im allgemeinen erhalten bleiben, wenn wir die Dimension eines Problemes durch Vernachlässigung der unwesentlichen Koordinaten reduzieren. Dies ist in Bild 2-3 anhand eines Teils des R^3 und einer dreidimensionalen Kurve dargestellt. Angenommen, wir vernachlässigen die z-Koordinate und beschränken unsere Aufmerksamkeit auf die x-y-Ebene. Die Kurve reduziert sich auf einen Einzelpunkt, also auf ein Objekt mit einer anderen Dimension (null statt eins), aber mit der gleichen Kodimension zwei. Wie uns dieses Beispiel zeigt, ist die Kodimension (wie der Korang, mit dem sie nicht verwechselt werden darf) eine besonders geeignete Größe, wenn wir uns mit Problemen beschäftigen, bei deren systematischer Vereinfachung es immer wieder um die Reduzierung der Dimensionszahl geht —

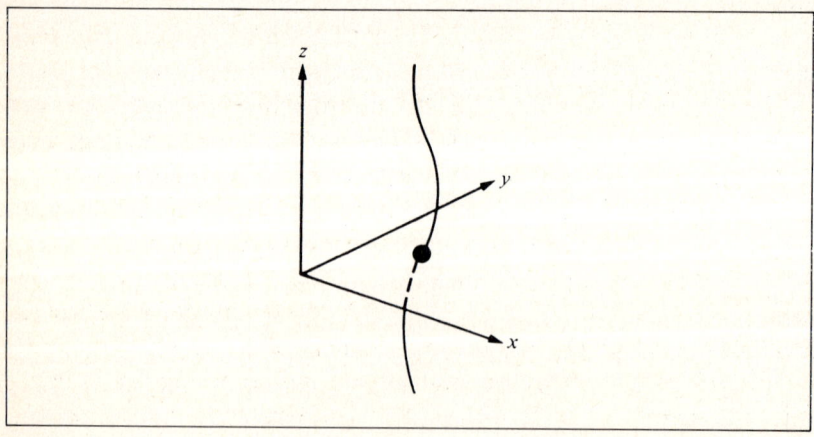

Bild 2-3

und bei denen die tatsächliche Dimension des Problems (also die Anzahl der Zustandsvariablen) möglicherweise gar nicht bekannt ist.

Im allgemeinen ist eine ein-parametrige kontinuierliche Familie von Objekten der Dimension p ein Objekt der Dimension $(p + 1)$: Eine Familie von Punkten ist eine Kurve, eine Familie von Geraden ist eine Fläche usw. Wir können den Grund dafür auch sehr einfach erkennen; wir müssen lediglich für jedes Mitglied der Familie ein Koordinatensystem angeben und können dann jeden Punkt des neuen geometrischen Objektes durch $(p + 1)$ Koordinaten beschreiben: Durch die p Koordinaten, die das ausgewählte Mitglied der Familie besitzen, und durch den Parameter, der uns beschreibt, um welches Mitglied es sich handelt. In gleicher Weise ist eine r-parametrige stetige Familie von Objekten der Dimension p ein Objekt der Dimension $(p + r)$, und eine r-parametrige Familie von Objekten der Kodimension p ist ein Objekt der Kodimension $(p - r)$.

Betrachten wir einen Punkt P, der auf einem Objekt der Kodimension r in einem Euklidischen Raum R^m liegt. Wenn wir nun eine Familie von ähnlichen Objekten konstruieren wollen, so daß in einer Umgebung von P jeder Punkt auf einem Mitglied dieser Familie liegt, dann müssen wir dazu aus der Familie ein geometrisches Objekt der Dimension m erzeugen. Dazu benötigen wir eine r-parametrige Familie.

Wir interpretieren R^m nun als Parameter-Raum für Polynome in einer Variablen x, deren Grad nicht größer ist als m und die am Ursprung einen kritischen Punkt aufweisen. Die Untermenge von Parameter-Werten für Funktionen f mit $f_{xx} = 0$ ist ein geometrisches Objekt der Kodimension 1, das eben durch genau eine Gleichung definiert wird. Die Untermenge der Parameter-Werte für Funktionen mit $f_{xx} = f_{xxx} = 0$ ist ein geometrisches Objekt der Kodimension 2 und wird dementsprechend durch zwei Gleichungen festgelegt. Wir erkennen nun an Hand geometrischer Überlegungen, warum die strukturell instabilen Funktionen x^3 und x^4 einen und zwei Entfaltungsparameter benötigen. Wir werden daher sagen, daß diese Funktionen selbst eine Kodimension besitzen, die der Anzahl von Parametern in der universellen Entfaltung entspricht.

Natürlich brauchen wir für Funktionen einer Variablen alle diese Begriffe nicht. In diesem Fall ist alles klar: Wir brauchen alle Terme niedriger Ordnung, abgesehen von einem, der durch eine Nullpunktverschiebung in x, und von der Konstanten, die durch eine Nullpunktverschiebung in f beseitigt werden kann. Betrachten wir aber nun eine Funktion von n Variablen. Wie wir gesehen haben, muß eine quadratische Form in n Variablen identisch verschwinden (der Rang der Hesseschen Matrix ist Null), damit die Funktion strukturell instabil ist und damit sich das Problem nicht auf weniger als n Variable reduziert. Für $n = 1$ lautet diese Bedingung einfach $f_{xx} = 0$; dies ist *eine* Gleichung, und daher ist die Kodimension klein, nämlich 1. Für $n = 2$ lautet die Bedingung nun $f_{xx} = f_{xy} = f_{yy} = 0$, wir erhalten also drei Gleichungen. Daher hat jede Funktion, die in zwei Richtungen entartet ist, eine Kodimension von mindestens 3 und benötigt daher mindestens drei Entfaltungsparameter. Im allgemeinen wird die minimale Kodimension einer Funktion mit dem Korang n durch $\frac{1}{2} n (n + 1)$ gegeben sein, nämlich durch die Zahl der unabhängigen Größen in einer symmetrischen $n \times n$-Matrix.

Damit haben wir die Hälfte des im ersten Kapitel versprochenen Resultats gewonnen: Wie wir nun sehen können, hat eine Singularität mit drei wesentlichen Zustandsvariablen mindestens die Kodimension 6. Beschränken wir unsere Aufmerksamkeit daher auf Prozesse mit nicht mehr als fünf Kontrollvariablen, dann kann die Anzahl der wesentlichen Variablen nicht größer als 2 sein. Im nächsten Kapitel werden wir die kanonische Form (Normalform) der verschiedenen möglichen Katastrophen herleiten. Dabei werden wir zeigen, daß es für vier oder weniger Kontrollvariable nur sieben Katastrophenarten gibt, während sich diese Zahl für fünf Kontrollvariable auf elf erhöht. Wir werden auch erklären können, warum die Zusammenhänge ab einer Kodimension von 6 komplizierter werden.

Der Leser könnte sich nun die Frage stellen, warum wir das Ende dieses Kapitels erreicht haben, ohne etwas über die „tiefgehenden mathematischen Theoreme" auszuführen, von denen er im Zusammenhang mit den Grundlagen der Katastrophentheorie wahrscheinlich schon gehört hat. Der Grund ist ein zweifacher: Zunächst sind diese Theoreme nur schwer zu beweisen; sie können darüber hinaus mit dem begrenzten mathematischen Vokabular dieses Buches nicht einmal formuliert werden. Zum zweiten bringen sie nicht viel mehr, als unseren Zugang zu rechtfertigen, indem sie die Vollständigkeit der Thomschen Liste beweisen und eine gewisse Sicherheit geben, nichts ausgelassen und tatsächlich alle strukturell stabilen Funktionen exakt erfaßt zu haben. Dieser Punkt ist besonders wesentlich für die Anwendung der Theorie: Sie würde viel an Aussagekraft verlieren, wenn wir nicht sicher sein könnten, alle Möglichkeiten zu kennen. Wenn wir aber bereit sind, an diese Theoreme zu glauben — und sie erscheinen als zweifelsfrei korrekt — dann verlieren wir wenig, wenn wir ihren Beweis auslassen.

Ein Großteil der Probleme beim Beweis unserer Ergebnisse resultiert aus der Tatsache, daß wir unsere Analyse auf den Taylor-Reihen aufgebaut haben, obwohl es bekannterweise glatte Funktionen gibt, die durch ihre formale Reihenentwicklung nicht exakt approximiert werden. So hat beispielsweise die Funktion

$$f(x) = \begin{cases} 0 & \text{für } x = 0 \\ \exp(-1/x^2) & \text{für } x \neq 0 \end{cases}$$

eine wohl definierte Reihenentwicklung, deren Koeffizienten alle verschwinden. Sie stimmt mit der Taylor-Reihe von $f(x) = 0$ überein, obwohl sie mit dieser Funktion nur in einem Punkt zusammenfällt.

Es geht aber nicht nur darum, einfach den Isomorphismus zwischen Funktion und Taylor-Reihen zu beweisen, weil ein solcher Isomorphismus nicht existiert. Stattdessen müssen wir unsere Aufmerksamkeit auf Funktionen beschränken, die entweder strukturell stabil sind oder mit ihrer strukturellen Instabilität in eine strukturell stabile Familie mit einer endlichen Anzahl von Entfaltungsparametern eingebettet werden können. Wie dann gezeigt werden kann, ist jede solche Funktion für unsere Zwecke äquivalent zu einem Polynom desselben Korangs und derselben Kodimension, so daß konsequenterweise keine Probleme entstehen, wenn wir mit Taylor-Reihen arbeiten (siehe die Analyse der Poston-Katastrophenmaschine). Vom praktischen Gesichtspunkt aus verlieren wir durch diese Einschränkung wenig, da die so spezifizierten Funktionen genau mit jenen übereinstimmen, durch die solche strukturell stabile Prozesse beschrieben werden, wie wir sie untersuchen wollen. Andererseits sind Aussagen, die nur für Unterklassen von Größen zutreffen, dann sehr oft schwerer zu beweisen als Aussagen, die sich auf die ganze Klasse beziehen, wenn die Unterklasse durch eine komplizierte Definition festgelegt werden muß.

3
Die sieben Elementarkatastrophen

In diesem Kapitel werden wir Thoms berühmte Liste der sieben elementaren Katastrophen herleiten. Wie wir bereits gesehen haben, können wir uns dabei auf die Untersuchung von Taylor-Reihen in einer oder in zwei Variablen beschränken. Wir müssen nun alle Fälle auffinden, die für eine Kodimension nicht größer als 4 in Erscheinung treten können.

Dazu beginnen wir mit mathematischen Vorüberlegungen. Zunächst müssen wir klären, wie wir die einzelnen Fälle unterscheiden wollen. Üblicherweise wird nur festgestellt, daß es sieben qualitativ unterscheidbare Katastrophen gibt und daß die Anwendungen zeigen werden, was wir darunter verstehen. Allerdings brauchen wir eine präzisere Definition, wenn wir wissen wollen, welche mathematischen Operationen wir in den Berechnungen verwenden dürfen. Wir werden also sagen, zwei Katastrophen seien äquivalent, wenn die eine Katastrophe durch folgende Operationen in die andere transformiert werden kann: (i) durch einen *Diffeomorphismus* der Kontrollvariablen und (ii) in jedem Punkt des Kontrollraumes durch einen Diffeomorphismus der Zustandsvariablen. Die zugehörige Familie von Diffeomorphismen der Zustandsvariable muß eine glatte Funktion der Kontrollvariablen sein.

Ein *Diffeomorphismus* ist eine ein-eindeutige stetige und differenzierbare Transformation. Es ist manchmal nützlich (wenn auch nicht ganz exakt), sich zwei geometrische Objekte als topologisch äquivalent oder *homöomorph* vorzustellen, wenn die eine stetig in die andere deformiert werden kann, ohne daß „Risse" oder

„Klebestellen" auftreten. Mit der gleichen Genauigkeit können wir zwei geometrische Objekte als *diffeomorph* betrachten, wenn sie homöomorph sind und zusätzlich durch die Deformation kein Knick entsteht oder ausgeglättet wird. So sind eine Kugel, ein Ellipsoid und ein Würfel homöomorph, aber nur die beiden ersten sind diffeomorph. Wenn wir also auf getrennten Diffeomorphismen für die Zustands- und die Kontrollvariablen bestehen, verlangen wir damit den Diffeomorphismus nicht nur für die Gleichgewichtsflächen, sondern auch für die Bifurkationsmengen der beiden äquivalenten Katastrophen.

Wir werden auch einige neue Bezeichnungen einführen, damit die Rechnungen nicht mühseliger als unbedingt notwendig werden. Zunächst werden wir oft Ausdrücke der Form

$$(ax + by)\,(px + qy)^2$$

durch

$$x' = ax + by, \quad y' = px + qy$$

in der Form

$$x'\,(y')^2$$

oder unter Vernachlässigung der Striche durch

$$xy^2$$

darstellen.

Diesen Vorgang können wir etwas kürzer in folgender Weise darstellen

$$(ax + by)\,(px + qy)^2 \sim xy^2 \text{ mit } \Phi\colon x \mapsto ax + by,\ y \mapsto px + qy.$$

Durch die Pfeile stellen wir die Wirkung der Transformation auf x und y dar. Das Symbol $\sim$ bedeutet: „ist äquivalent zu" oder, im Sinne dieses Kapitels: „ist diffeomorph zu", da alle unsere Transformationen Diffeomorphismen sein werden. Übrigens führt die angegebene Transformation die einfache Form in die kompliziertere über; trotzdem scheint es natürlicher, sie so anzuschreiben.

Wirkliche Zweideutigkeiten können ohnedies nicht auftreten, weil ein Diffeomorphismus stets umkehrbar eindeutig sein muß. Wo ein Diffeomorphismus nur einfach die Neuskalierung einer oder beider Variablen bedeutet, werden wir ihn meistens nicht explizit angeben, und einen eigenen Namen werden wir nur dann einführen, wenn es nicht anders geht. (So haben wir oben Φ eingeführt.)

Wir werden Diffeomorphismen oft in der Form

$$\Phi: x \mapsto x + \phi(x, y), \qquad y \mapsto y + \psi(x, y)$$

mit Polynomen ϕ und ψ anschreiben. Wir könnten natürlich x und y in die Polynome absorbieren, aber wir schreiben ϕ in dieser Form, damit $\phi = \psi = 0$ dem identischen Diffeomorphismus $x \mapsto x$, $y \mapsto y$ entspricht. Wie bei den Funktionen ist es für unsere Zwecke auch keine Einschränkung, wenn wir unseren Diffeomorphismus durch Polynome definieren.

Um uns schließlich den dauernden Hinweis auf die Vernachlässigung von Termen höherer Ordnung zu ersparen, definieren wir den *k-jet* einer Funktion f mit der Bezeichnung $j^k(f)$ als formale Taylor-Reihe von f, die mit dem Term k-ter Ordnung abgebrochen wird, also beispielsweise

$$j^3(\sin x) = x - \frac{x^3}{3!}$$

Wir nennen eine Funktion k-bestimmt, wenn jede Funktion mit dem gleichen k-jet vom gleichen Typ ist. Eine Funktion heißt *endlich bestimmt,* wenn sie für ein bestimmtes endliches k k-bestimmt ist. Zwei Funktionen, die nicht endlich bestimmt sind, lauten etwa $f(x) = 0$ und $\exp(-1/x^2)$; beide Funktionen haben wir im vorigen Kapitel erwähnt.

Die Singularitäten

Gibt es nur eine wesentliche Variable (also nur eine Variable, in deren Richtung sich das Verhalten ändert), dann können wir genau vier Singularitäten mit einer Kodimension kleiner oder gleich 4 angeben:

Singularität	Kodimension	Name
x^3	1	Falte
x^4	2	Kuspe
x^5	3	Schwalbenschwanz
x^6	4	Schmetterling

Den Ursprung dieser Bezeichnungen werden wir im nächsten Kapitel an Hand der Geometrie dieser Katastrophen veranschaulichen. Die Kuspe wird oft auch „Riemann-Hugoniot"-Katastrophe genannt. Dieser Name wurde ursprünglich von Thom eingeführt, um darauf hinzuweisen, daß diese Art der Katastrophe in der Literatur das erste Mal bei der Untersuchung der Schockwellen eines beschleunigten Kolbens auftreten. Katastrophen vom Korang 1 werden insgesamt als *Kuspoiden* bezeichnet.

Ist der Korang 2, so haben wir es mit Taylor-Reihen in zwei Variablen zu tun, deren quadratischer Term identisch verschwindet und die daher mit einem homogenen kubischen Term beginnen. In unserer neuen Terminologie betrachten wir also Singularitäten mit η, $j^2(\eta) = 0$ und

$$j^3(\eta) = (a_1 x + b_1 y)(a_2 x + b_2 y)(a_3 x + b_3 y),$$

wobei wir auf die Tatsache zurückgreifen, daß ein homogenes Polynom stets als Produkt von linearen Faktoren geschrieben werden kann, wenn wir komplexe Koeffizienten zulassen. Wir müssen nun die verschiedenen Fälle untersuchen und ihre kanonische Form herausarbeiten. Dies haben wir auch bei der allgemeinen quadratischen Gleichung

$$ax^2 + 2hxy + by^2 + 2gx + 2fy + c = 0$$

getan, wobei wir zu einer relativ kurzen Liste von Kegelschnitten kamen, deren jeder in einer einfachen und leicht handhabbaren Form angeschrieben werden konnte. Bei den Kegelschnitten waren allerdings nur Translationen und Rotationen der Koordinaten zugelassen, da wir die Form der Figuren erhalten wollten; hier steht uns die viel größere Klasse der Diffeomorphismen zur Verfügung.

Nehmen wir zunächst an, daß alle Koeffizienten a_i, b_i reell sind und daß die Verhältniszahlen a_i/b_i alle voneinander verschieden sind. Dann können wir mit Hilfe von

$$x \mapsto a_2\, x + b_2 y, \qquad y \mapsto a_3 x + b_3 y$$

die Äquivalenz

$$j^3(\eta) \sim (ax + by)\, xy \sim (x + y)\, xy$$

und weiter mit

$$x \mapsto x + y, \qquad y \mapsto x - y$$

schließlich

$$j^3(\eta) \sim x\,(x^2 - y^2)$$

zeigen. Die kanonische Form der *elliptischen Umbilik* (= elliptischer Nabel) lautet daher

$$j^3(\eta) \sim x^3 - xy^2$$

Natürlich könnten wir auch $x^2 y + xy^2$ als kanonische Form verwenden, dies stellt sich jedoch als weniger zweckmäßig heraus.

Von allen möglichen Diffeomorphismen haben wir uns hier auf die linearen Transformationen beschränkt. Jeder Term nullter Ordnung hätte nämlich die Bedingung $j^2(\eta) = 0$ verletzt, während Terme höherer Ordnung ohnedies nichts zum 3-jet beitragen.

Die obige Reduktion wird nicht gelingen, wenn nicht alle a_i, b_i reell sind, weil wir keine komplexen Koordinatentransformationen verwenden dürfen. Weil jedoch die komplexen Wurzeln einer polynomischen Gleichung mit reellen Koeffizienten in konjugierten Paaren auftreten, erhalten wir in diesem Fall

$$j^3(\eta) = (a_1 x + b_1 y)\,(a_2 x + b_2 y)\,(\bar{a}_2 x + \bar{b}_2 y)$$

mit reellen a_1, b_1. Nun läßt sich leicht beweisen

$$(a_2 x + b_2 y)\,(\overline{a_2} x + \overline{b_2} y)$$
$$= [\text{Re}\,(a_2)x + \text{Re}\,(b_2)y]^2 + [\text{Im}\,(a_2)x + \text{Im}\,(b_2)y]^2.$$

Daraus folgt mit Hilfe von

$$x \mapsto ax + by, \quad y \mapsto bx - ay$$

schließlich

$$j^3\,(\eta) \sim (ax + by)\,(x^2 + y^2)$$
$$\sim x\,(x^2 + y^2)$$
$$\sim x^3 + xy^2.$$

Dieser Ausdruck wird gelegentlich als kanonische Form verwendet und hat tatsächlich den Vorteil der Ähnlichkeit mit der kanonischen Form der elliptischen Umbilik. Einen etwas freundlicheren Ausdruck erhalten wir mit Hilfe der Identität

$$(x + y)^3 + (x - y)^3 = 2\,x^3 + 6\,xy^2 \sim x^3 + xy^2$$

und der Transformation

$$x \mapsto x + y, \quad y \mapsto x - y,$$

die uns zu folgender kanonischen Form der *hyperbolischen Umbilik* führt:

$$j^3\,(\eta) \sim x^3 + y^3.$$

Bisher haben wir vorausgesetzt, daß alle drei Verhältnisse a_i/b_i voneinander verschieden sind. Nun betrachten wir den Fall $a_1/b_1 = a_2/b_2$ oder

$$j^3\,(\eta) = (a_1 x + b_1 y)^2\,(a_3 x + b_3 y)$$
$$\sim x^2 y \ ,$$

der nicht endlich determiniert ist. Wir werden diese Behauptung bald rechtfertigen, erkennen jedoch schon jetzt intuitiv, daß ein einziger Term nicht genügen wird, um das Verhalten einer Funktion in zwei Richtungen zu beschreiben, insbesondere weil es sich dabei nur um einen Teil einer kanonischen Form handelt, die wir bereits gefunden haben. Wir haben daher im 3-jet eine Entartung und müssen daher wie im Fall einer Variablen zum 4-jet übergehen, der mit einem homogenen Polynom $h(x, y)$ vierten Grades in der Form

$$j^4(\eta) = x^2 y + h(x, y)$$

geschrieben werden kann.

Um dies in eine kanonische Form zu bringen, müssen wir sorgfältig darauf achten, den 3-jet nicht zu verändern. So setzen wir einen Diffeomorphismus

$$\Phi: x \mapsto x + \phi(x, y), \quad y \mapsto y + \psi(x, y)$$

mit den Polynomen ϕ und ψ an. Dabei geschieht folgendes mit $j^4(\eta)$:

$$\Phi: x^2 y + h(x, y)$$
$$\mapsto x^2 y + x^2 \psi + 2xy\phi + 2x\phi\psi + y\phi^2 + \phi^2\psi + h(x + \phi, y + \psi)$$

Soll nun der 3-jet nicht geändert werden, dann dürfen weder ϕ noch ψ irgendwelche Terme nullter oder erster Ordnung haben. Sind aber die niedrigsten Terme in ϕ und ψ quadratisch, dann ergibt sich

$$h(x + \phi, y + \psi) = h(x, y) + \text{Terme fünfter und höherer Ordnung.}$$

Bis zu den Termen vierter Ordnung finden wir daher

$$\Phi: x^2 y + h(x, y) \mapsto x^2 y + x^2 \psi + 2xy\phi + h(x, y).$$

Nun wählen wir ϕ und ψ so aus, daß möglichst viel von $h(x, y)$ eliminiert wird. Wir können die allgemeine Form

$$h(x, y) = ay^2 + by^3 x + cy^2 x^2 + dyx^3 + ex^4$$

durch die Wahl der Polynome

$$\psi(x, y) = -(cy^2 + dxy + ex^2),$$

$$\phi(x, y) = -\frac{1}{2} by^2$$

reduzieren und erhalten

$$j^4(\eta) \sim x^2 y + y^4$$

als kanonische Form der *parabolischen Umbilik.*

Die elliptische und die hyperbolische Umbilik haben beide die Kodimension 3, die für eine Singularität vom Korang 2 das Minimum darstellt. Im Fall der parabolischen Umbilik wächst die Kodimension durch die zusätzliche Bedingung $a_1 b_1 = a_2 b_1$ auf 4 an. Jede Entartung im 3-jet oder die Forderung, daß im Polynom vierter Ordnung $h(x, y)$ der Koeffizient von y^4 verschwinden soll (was wir oben ausgeschlossen haben), würde die Kodimension auf 5 oder mehr anheben. Damit ist also die Liste der Singularitäten mit einer Kodimension kleiner oder gleich 4 vollständig.

Bevor wir uns an die Herleitung der Entfaltungen machen, müssen wir einen weiteren Punkt erwähnen. Die Singularität $-x^4$ hat die gleiche Geometrie wie x^4. Aus diesem Grund unterscheidet Thom, der primär an der Form der Katastrophenmenge interessiert ist, nicht zwischen diesen beiden Singularitäten. Andererseits unterscheiden sie sich dadurch, daß Maxima und Minima vertauscht sind, worauf es in einigen Fällen durchaus ankommen kann. Aus diesem Grund ist es manchmal nützlich, eine feinere Klassifikation zu verwenden und $-x^4$ gesondert als *duale Kuspe* anzuführen. Viele Katastrophen sind selbst-dual. Dies gilt z. B. wenn wir x durch $-x$ ersetzen, wobei x^3 in $-x^3$ übergeht. Beide Kurven haben am Ursprung die gleiche Form, nämlich einen Wendepunkt. Von den sieben Katastrophen in der Thomschen Liste sind nur die Kuspe, der Schmetterling und die parabolische Umbilik nicht selbst-dual.

Die universellen Entfaltungen

Es sei $\eta(x, y)$ eine endlich determinierte Singularität und es sei $g(x, y)$ ein Polynom aus der Nachbarschaft von η. Dann kann g in der Form

$$g(x, y) = \eta(x, y) + \sum_i \sum_j \epsilon_{ij} x^i y^j$$

geschrieben werden, wenn die Koeffizienten ϵ_{ij} klein sind und die Sumation über alle i, j erstreckt wird. Nun ist g klarerweise eine strukturell stabile Entfaltung von η, da alle Arten von Potentialen mit zwei Variablen enthalten sind. Sehr nützlich ist diese Entfaltung allerdings nicht, da sie viel zu viele Terme enthält. Wir suchen die universelle Entfaltung, also die stabile Entfaltung mit der kleinsten Anzahl von Parametern. Immerhin wissen wir zumindest, daß wir die universelle Entfaltung an der Anzahl ihrer Entfaltungsparameter erkennen werden, die mit der Kodimension von η übereinstimmt.

Als ersten Schritt betrachten wir bei unserer Suche nach der universellen Entfaltung den folgenden infinitesimalen Diffeomorphismus

$$\Phi: x \mapsto x + \phi(x, y), \quad y \mapsto y + \psi(x, y)$$

wobei ϕ und ψ Polynome mit kleinen Koeffizienten sind. Φ wirkt auf η in folgender Weise:

$$\Phi: \eta(x, y) \mapsto \tilde{g}(x, y) = \eta(x, y) + \phi(x, y)\frac{\partial\eta}{\partial x} + \psi(x, y)\frac{\partial\eta}{\partial y}.$$

Da Φ ein Diffeomorphismus ist, sind η und $\tilde{g}$ vom gleichen Typ. Daher können in der versellen Entfaltung g nur jene Terme Veränderungen des Typs hervorrufen, die wir nicht durch geeignete Wahl von ϕ und ψ in $\tilde{g}$ unterbringen können. Die universelle Entfaltung wird daher keine Terme enthalten, die entweder vielfache von $\partial\eta/\partial x$ oder $\partial\eta/\partial y$ sind. Sie wird auch keinen konstanten Term aufweisen, da ein solcher Term durch eine Nullpunktverschiebung in g eliminiert werden kann und den Typ nicht verändert.

Damit haben wir zwar die universelle Entfaltung noch nicht direkt gewonnen, das Problem aber doch auf einen vernünftigen Umfang reduziert. Wir schauen nun, was wir mit den Termen in g machen können, und eliminieren möglichst viele von ihnen durch den infinitesimalen Diffeomorphismus. Für den Rest werden wir dann Entfaltungsparameter verwenden.

Wie schon bisher können wir die *Kuspoiden* (also die Kuspen-artigen, „Spitzen-artigen" Katastrophen) sehr rasch behandeln. In jedem Fall hat die Singularität die Form x^n. Wir können einen Diffeomorphismus angeben, mit dessen Hilfe wir alle Vielfachen von $\partial\eta/\partial x$ oder x^{n-1} eliminieren werden. Die universellen Entfaltungen lauten daher

$$x^3 + ux \qquad\qquad\qquad\qquad \text{Falte}$$
$$x^4 + ux^2 + vx \qquad\qquad\qquad \text{Kuspe}$$
$$x^5 + ux^3 + vx^2 + wx \qquad\qquad \text{Schwalbenschwanz}$$
$$x^6 + tx^4 + ux^3 + vx^2 + wx \quad \text{Schmetterling}$$

Wir kehren nun zu den Umbiliken (Nabeln) zurück und beginnen mit der hyperbolischen Umbilik, weil sie die einfachste ist. Die kanonische Form der Singularität lautet $x^3 + y^3$, und so ergibt sich

$$\frac{\partial\eta}{\partial x} \sim x^2, \quad \frac{\partial\eta}{\partial y} \sim y^2 \ .$$

Wir können daher in der Entfaltung alle Monome auslassen, die vielfache von x^2 oder y^2 sind. Es bleiben nur drei Monome, nämlich x, y und xy. Da die Kodimension der Singularität 3 beträgt, kennen wir damit auch die unverselle Entfaltung

$$x^3 + y^3 + wxy + ux + vy \ .$$

Das Auffinden der universellen Entfaltung ist im allgemeinen nicht so einfach wie hier, und am besten bedient man sich des Siersma-Tricks. Wir schreiben dazu alle möglichen Monome in x und y als dreieckiges Schema an:

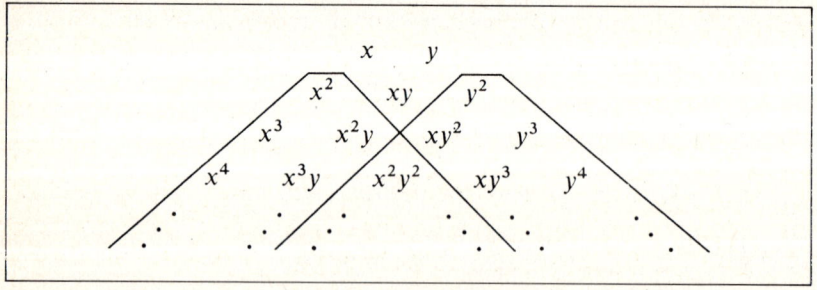

Jedes Monom in der Anordnung ist Teiler jedes anderen Monoms, das auf oder unter der Diagonale liegt, die von ihm ausgeht. Haben wir einmal gezeigt, daß ein spezielles Monom auftritt, so können wir seinen „Schatten" zeichnen und alle weiteren Monome weglassen, die innerhalb dieses Schattens liegen. Im obigen Beispiel haben wir die Vorgangsweise anhand der Schatten von x^2 und y^2 illustriert. Die drei Entfaltungsterme ergeben sich sofort. Die dritte Reihe der Anordnung liegt völlig im Schatten, und wir haben es daher mit einer 3-determinierten Singularität zu tun.

Die Behandlung der elliptischen Umbilik ist etwas schwieriger. Die kanonische Form der Singularität lautet $x^3 - xy^2$, so daß wir erhalten

$$\frac{\partial \eta}{\partial x} \sim x^2 - y^2, \quad \frac{\partial \eta}{\partial y} \sim xy.$$

Wir können nun zwar den Schatten von xy zeichnen, wissen aber noch nicht, was mit $x^2 - y^2$ geschehen soll. Mit Hilfe der Identitäten

$$x^3 = x(x^2 - y^2) + y(xy),$$
$$y^3 = -y(x^2 - y^2) + x(xy)$$

kommen wir jedoch ein Stück weiter, weil sie es uns gestatten, jeden x^3- oder y^3-Term zu eliminieren. Wir zeichnen daher die Schatten von x^3 und y^3. Wieder ist die ganze dritte Reihe bedeckt und wir erhalten eine 3-determinierte Singularität. Andererseits liegen vier Monome nicht im Schatten, während die Kodimension dieser Singularität bekanntlich 3 ist.

Angenommen, wir hätten eine Entfaltungsterm proportional zu $x^2 + y^2$. Mit Hilfe von

$$(x^2 + y^2) + (x^2 - y^2) = 2x^2,$$
$$(x^2 + y^2) - (x^2 - y^2) = 2y^2$$

könnten wir dann gemeinsam mit dem $x^2 - y^2$-Term sowohl x^2 als auch y^2 gesondert eliminieren. Daher kann die universelle Entfaltung der elliptischen Nabelschnur in der Form

$$x^3 - xy^2 + w(x^2 + y^2) + ux + vy$$

angeschrieben werden. Wir hätten auch wx^2 oder wy^2 als quadratischen Term verwenden können, aber die symmetrische Form ist im allgemeinen praktischer.

Es ist legtim, einen Entfaltungsterm mit einem Term zu kombinieren, den wir aus einer partiellen Ableitung von η erhalten. Wir können den Diffeomorphismus nämlich nach unseren Bedürfnissen auswählen. Wir dürfen allerdings nicht zwei Entfaltungsterme in der gleichen Weise kombinieren, weil dann die entsprechenden Kontrollvariablen nicht unabhängig wären.

Schließlich kommen wir zur parabolischen Umbilik. Die kanonische Form der Singularität ist nun $y^4 + x^2 y$, und wir erhalten

$$\frac{\partial \eta}{\partial x} \sim xy, \qquad \frac{\partial \eta}{\partial y} \sim x^2 + y^3 .$$

Wiederum tritt nur xy explizit in unserem Diagramm auf, so daß wir den zugehörigen Schatten zeichnen und dann nach Kombinationen Ausschau halten, die uns weitere Monome angeben. Eine solche Kombination lautet

$$y^2 (xy) - x (x^2 + y^2) \sim x^3 ,$$

so daß wir den Schatten von x^3 zeichnen können. Wir brauchen nun einen Schatten entlang der rechten Diagonale; er sollte am günstigsten von y^3 ausgehen, weil uns dann vier ,,unbeschattete'' Monome übrig bleiben und die Kodimension der Singularität gerade 4 beträgt. Das Günstigste, was wir auf direktem Wege erkennen können, ist

$$y (x^2 + y^3) - x (xy) = y^4 .$$

Wir brauchen also den Schatten nur für y^4 zeichnen. Dies war allerdings auch zu erwarten, denn ließe sich die dritte Reihe vollständig mit Monomen aus $\partial \eta / \partial x$ und $\partial \eta / \partial y$ bedecken, dann wäre die Singularität 3-determiniert. Dies ist jedoch nicht der Fall. Hätten wir andererseits einen Entfaltungsterm in x^2, dann könnten wir damit nicht nur jeden x^2-Term eliminieren, sondern in Kombination mit $y^3 + x^2$ auch jeden y^3-Term. Daher brauchen wir y^3 nicht als Term in unserer Entfaltung und die universelle Entfaltung der parabolischen Umbilik lautet

$$y^4 + x^2 y + wx^2 + ty^2 + ux + vy.$$

Damit haben wir die Herleitung der sieben Elementarkatastrophen und ihrer Entfaltungen vervollständigt. Allerdings mußten wir bei der Behandlung der parabolischen Umbilik feststellen, daß die Singularität $x^2 y$ nicht endlich bestimmt ist. Diese Feststellung können wir nun rechtfertigen: Die zwei partiellen Ableitungen sind äquivalent zu xy und x^2, so daß im Diagramm die rechte Diagonale vollständig unbedeckt ist. Daher ist keine Reihe vollständig überschattet, und $x^2 y$ kann nicht endlich determiniert sein. Die Kodimension ist unendlich.

Katastrophen höherer Ordnung

Die meisten Anwendungen der Katastrophentheorie gehen von den sieben Elementarkatastrophen aus, deren kanonische Form wir gerade hergeleitet haben. Da die 5-Parameter-Katastrophen nicht wesentlich schwerer zu behandeln sind, wollen wir die Ableitungen hier skizzieren. Der Leser kann die detaillierten Berechnungen der kanonischen Formen als Übung durchführen und dabei sein Verständnis für dieses Kapitel testen.

Die erste dieser Katastrophen ist vom Korang 1 und hat offensichtlich die Gestalt

$$x^7 + sx^5 + tx^4 + ux^3 + vx^2 + wx.$$

Wegen der Form, die sich beim Studium ihrer Geometrie ergibt, wird sie *Wigwam* genannt.

Beträgt der Korang 2, dann kann der 3-jet, wie wir gesehen haben, in der Form

$$j^3(\eta) = (a_1 x + b_1 y)(a_2 x + b_2 y)(a_3 x + b_3 y)$$

angeschrieben werden. Bisher haben wir Fälle untersucht, wo für den Fall verschiedener Verhältniszahlen a_i/b_i Katastrophen der

Kodimension 3 und bei Übereinstimmung eines Paares von Verhältniszahlen Katastrophen der Kodimension 4 auftraten. Falls alle
drei Verhältniszahlen gleich waren, kamen zu den drei Bedingungen aus $j^2(\eta) = 0$ noch zwei Bedingungen hinzu und wir erhielten
eine Katastrophe der Kodimension 5. Der 3-jet ist offensichtlich
äquivalent zu x^3. Wir betrachten daher Singularitäten η, deren
4-jets in der Form

$$j^4(\eta) = x^3 + h(x, y)$$

geschrieben werden kann. Dabei ist $h(x, y)$ ein homogenes Polynom
vierter Ordnung in x und y. Diesmal wird sich allerdings bei der
Betrachtung des Diffeomorphismus

$$\Phi\colon x \mapsto x + \phi(x, y), \quad y \mapsto \psi(x, y)$$

herausstellen, daß zwar ϕ keinen Term nullter und erster Ordnung
haben darf, daß aber ein linearer Term in ψ den 3-jet nicht beeinflußt. Wir können die kanonische Form der Singularität daher als
$x^3 + y^4$ schreiben. Mit Hilfe des Siersmaschen Tricks erhalten wir
dann sofort die universelle Entfaltung der *symbolischen Umbilik*

$$x^3 + y^4 + sxy^2 + ty^2 + uxy + vy + wx \,.$$

Dieser Name wurde mehr oder weniger zufällig, nämlich aufgrund der phonetischen Ähnlichkeit gewählt. Einen tieferen
Grund gibt es nicht.

Jede weitere Entartung des 3-jets würde die Kodimension erhöhen,
so daß es hier keine weiteren Möglichkeiten gibt. Andererseits
kann sich bei der Analyse einer Singularität mit einer einzigen
Entartung im 3-jet herausstellen, daß sich keine parabolische
Umbilik ergibt, weil der Koeffizient von y^4 Null ist. Dies ist eine
zusätzliche Bedingung (eine möglicherweise im ersten Augenblick
nicht offensichtliche, weil nicht der y^4-Term im ursprünglichen
Potential verschwinden muß, sondern der y^4-Term nach einigen
Koordinatentransformationen). Jedenfalls wird die Kodimension
dieser Singularität 5 betragen und wir müssen den 5-jet untersuchen. Das einzige Monom fünften Grades, das nicht durch xy

oder x^2 geteilt werden kann, ist y^5. Somit verbleiben als Singularitäten $y^5 + x^2y$ und $-y^5 + x^2y$. Wie leicht gezeigt werden kann, handelt es sich dabei um zwei verschiedene, nicht-duale Katastrophen. Ganz analog, wie bei der Entfaltung der parabolischen Umbilik, können wir nun die universelle Entfaltung der *zweiten elliptischen Umbilik* und der *zweiten hyperbolischen Umbilik* entwickeln:

$$x^2y \mp y^5 + sy^3 + ty^2 + ux^2 + vy + wx.$$

Übersteigt die Kodimension 5, so ergeben sich Probleme. Wir erhalten weitere Kuspoiden (spitzen-artige Singularitäten), alle von der Form x^n, und die sogenannte *konische Umbilik* $x^2y \pm y^n$. Es gibt aber auch viele andere; z.B. gestattet die Kodimension 6 Katastrophen mit dem Korang 3. Das wirkliche Problem liegt allerdings darin, daß die Einteilung der Katastrophen in relativ kleine Klassen nicht länger möglich ist.

Am einfachsten lassen sich die Probleme erkennen, wenn wir die Singularitäten untersuchen, deren 3-jets identisch verschwinden und deren 4-jets in der Form

$$j^4(\eta) = (a_1x + b_1y)(a_2x + b_2y)(a_3x + b_3y)(a_4x + b_4y)$$

geschrieben werden können. Natürlich gibt es eine Menge von Möglichkeiten, je nachdem, wie viele der Koeffizienten komplex sind und welche Entartungen auftreten. Nehmen wir etwa an, alle Koeffizienten seien reell und alle Verhältniszahlen a_i/b_i voneinander verschieden. Wenn wir das Verfahren der elliptischen Umbilik anwenden wollen, so ergibt sich mit

$$x \mapsto a_1x + b_1y, \, y \mapsto a_2x + b_2y$$

für den 4-jet

$$j^4(\eta) \sim xy(ax + by)(px + qy)$$
$$\sim xy(x + y)(sx + ty)$$
$$\sim xy(x + y)(x + \lambda y).$$

Wir kommen zu einer 1-parametrigen Familie von Katastrophen anstelle der einfachen kanonischen Form, nach der wir suchen.

Die Mitglieder dieser Familie sind insofern nicht äquivalent, als sie nicht mit Hilfe von Diffeomorphismen ineinander umgeformt werden können. Sie sind aber insofern äquivalent, als sie Potenzen vierter Ordnung mit vier verschiedenen reellen Wurzeln aufweisen. Wie sich daraus ergibt, ist die algebraische Kodimension dieser Singularität 8, die topologische Kodimension nur 7.

Die nicht-entarteten Polynome vierten Grades in zwei Variablen bilden eine Menge von Funktionen mit der Kodimension 7. Diese Menge kann in drei Untermengen aufgeteilt werden, nämlich mit 4, 2 oder keiner reellen Wurzel. Und jede dieser Untermengen kann in Familien gegliedert werden. Jedes Mitglied einer dieser Familien ist diffeomorph zu jedem anderen Mitglied der gleichen Familie, und jede Familie hat die Kodimension 8. Man kann herleiten, daß die kanonischen Formen der drei Typen der *Doppelkuspe*

$$x^4 + y^4, \quad x^4 - y^4, \quad x^4 - 6x^2y^2 + y^4$$

sind. Der Beweis verläuft aber nicht in derselben Weise, wie für die Singularitäten mit einer Kodimension nicht größer als 5; siehe dazu Poston und Stewart (1976, 1978a) oder Zeeman (1976b), wo die Doppelkuspe ausführlicher behandelt wird.

4
Die Geometrie der sieben Elementarkatastrophen

Nachdem wir die Liste der sieben elementaren Katastrophen hergeleitet haben, geht es nun um die Untersuchung ihrer Eigenschaften. Es handelt sich dabei um ein relativ einfaches Problem, und wir werden die meisten Rechnungen explizit ausführen können.

Wir müssen dazu genau wie bei der Analyse der Katastrophenmaschinen (Kapitel 1) vorgehen. An Hand eines vorgegebenen Potentials V definieren wir die *Gleichgewichtsfläche M* durch die Gleichung

$$\nabla_x V = 0$$

Der Index x bringt zum Ausdruck, daß der Gradient sich nur auf die Zustandsvariablen bezieht. Diese Fläche besteht aus allen kritischen Punkten von V, d. h. aus allen Gleichgewichtspunkten (stabil oder nicht) des Systems. Die Bezeichnung M haben wir gewählt, um zum Ausdruck zu bringen, daß es sich dabei um eine Mannigfaltigkeit, also eine wohldefinierte glatte Fläche, handelt. Diese Eigenschaft von M ist — nebenbei bemerkt — nicht offensichtlich, kann aber bewiesen werden.

Nun müssen wir die *Singularitätsmenge S* finden. Es ist dies die Untermenge von M, die aus allen entarteten kritischen Punkten des Potentials V besteht. Diese Punkte wiederum erhalten wir aus $\nabla_x V = 0$ mit der Zusatzbedingung

$$\Delta \equiv \det\{H(V)\} = 0,$$

wobei $H(V)$ die Hessesche Matrix von V ist (die im Kapitel 2 definierte Matrix der partiellen Ableitungen zweiter Ordnung). Dann projizieren wir S in den Kontrollraum C (indem wir die Zustandsvariablen aus ihren Definitionsgleichungen eliminieren) und erhalten die Bifurkationsmenge B als Menge aller Punkte in C, in denen sich die Form von V verändert. Schließlich bestimmen wir die Form von V für jeden Punkt von C; dies alles ist einfacher, als es klingt: Veränderungen können nur auf B vorkommen, so daß es hinreicht, jeweils nur einen Punkt in den Regionen zu untersuchen, in die C durch B unterteilt wird.

Die Falte

Diese Katastrophe ist natürlich am leichtesten zu analysieren. Das Potential lautet

$$V(x) = x^3 + ux,$$

so daß der Phasenraum zweidimensional wird. Die Gleichgewichtsfläche M ist durch die Kurve

$$3x^2 + u = 0 \qquad (1)$$

gegeben. Die Singularitätsmenge S ist jene Untermenge von M, für die die Gleichung

$$6x = 0 \qquad (2)$$

erfüllt ist, also der Einzelpunkt $(0, 0)$. Die Bifurkationsmenge ergibt sich daraus durch Projektion auf den Kontrollraum (also auf die Gerade $x = 0$) und entspricht daher dem Einzelpunkt $u = 0$ (Bild 4-1).

Die Bifurkationsmenge B teilt den Kontrollraum in zwei Gebiete, nämlich in die positive und die negative u-Achse. Für $u > 0$ hat die Gleichung (1) keine reellen Lösungen, V besitzt daher keine kritischen Punkte. Für $u < 0$ hat V andererseits zwei kritische Punkte, ein Minimum und ein Maximum. Es gibt daher zwei Gleichgewichtszustände, einen stabilen und einen instabilen. Auf B (für

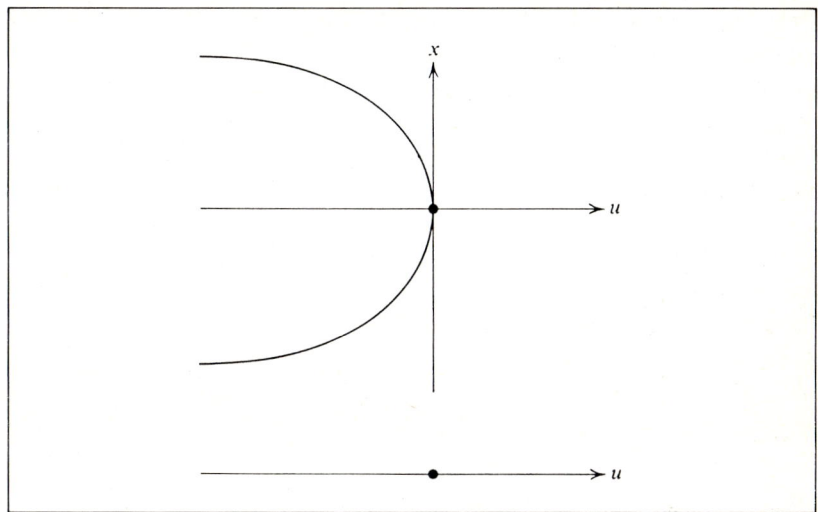

Bild 4-1 Gleichgewichtsfläche und Bifurkationsmenge der Falte

$u = 0$) fallen diese zu einem Wendepunkt zusammen. Ein System mit dem Potential V kann für $u > 0$ nicht stabil bleiben. Wir sagen daher, daß auf der positiven u-Achse der einzig mögliche Zustand der leere Zustand ist.

Die Kuspe (Riemann-Hugoniot-Katastrophe)

Wir haben diese Katastrophe bereits untersucht, wollen jedoch hier das Standardverfahren durchführen. Das Potential lautet

$$V(x) = x^4 + ux^2 + vx.$$

Daher ist der Phasenraum dreidimensional. Für die Gleichgewichtsfläche M erhalten wir

$$4x^3 + 2ux + v = 0 \qquad (3)$$

Die Singularitätsmenge ist jene Untermenge von M, für die zusätzlich gilt

$$12\,x^2 + 2\,u = 0. \tag{4}$$

Die Bifurkationsmenge können wir daraus herleiten, indem wir x aus den Gleichungen (3) und (4) eliminieren. Es ergibt sich

$$8\,u^3 + 27\,v^2 = 0.$$

Wir werden die Untersuchung der Formen von V nicht wiederholen, wollen aber in Erinnerung rufen, daß es innerhalb der Kuspe zwei Minima gibt, die von einem Maximum getrennt werden, während außerhalb der Kuspe nur ein einziges Minimum auftritt (Bild 4-2).

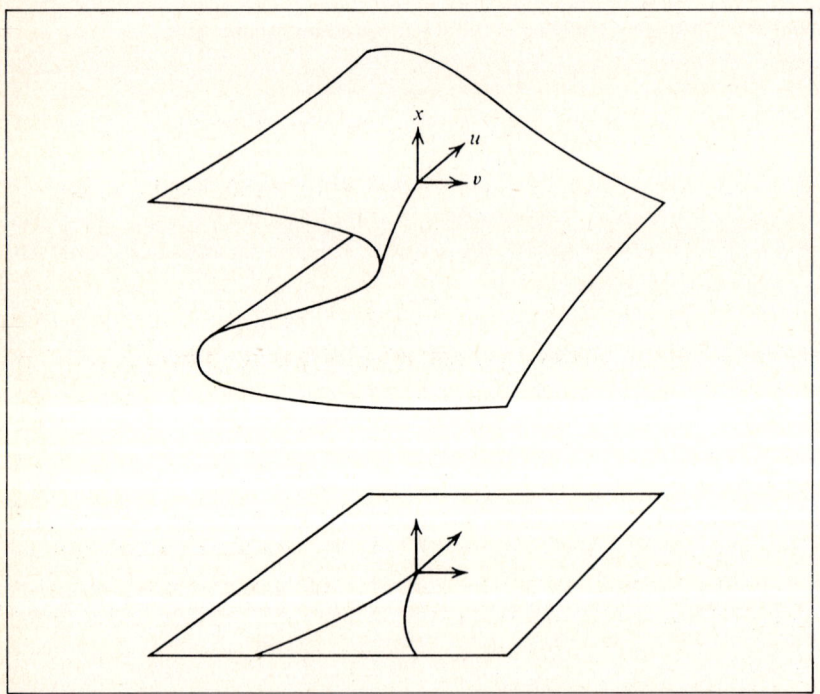

Bild 4-2 Gleichgewichtsfläche und Bifurkationsmenge der Kuspe

Für die Kuspe gibt es — wie für alle Elementarkatastrophen — keine allgemein akzeptierte Bezeichnungsweise. Verschiedene Autoren verwenden für die Entfaltungsparameter verschiedene Bezeichnungen, und manche schreiben für V auch $\frac{1}{4}x^4 + \frac{1}{2}ux^2 + vx$, um die numerischen Faktoren in der Gleichung für M zu vermeiden. Andererseits scheinen die meisten Autoren Zeeman (1976a) zu folgen und die Koeffizienten von x und x^2 als *Normal-* bzw. *spaltenden Faktor (splitting factor)* zu bezeichnen. Diese Bezeichnungen bringen zum Ausdruck, daß für $u > 0$ durch Änderungen in v nur stetige Änderungen in x herbeigeführt werden — dies könnte man als „normales Verhalten" bezeichnen — während für negative u-Werte M aufgespalten („gesplittet") wird und Diskontinuitäten in x auftreten können.

Der Schwalbenschwanz

Das Potential lautet

$$V(x) = x^5 + ux^3 + ux^2 + wx$$

Der Phasenraum ist daher vierdimensional, und wir können kein Diagramm analog zu Bild 4-2 zeichnen. Als Gleichgewichtsfläche M ergibt sich die Hyperfläche

$$5x^4 + 3ux^2 + 2vx + w = 0 \tag{5}$$

und als Singularitätsmenge die Untermenge von M mit der Gleichung

$$20x^3 + 6ux + 2v = 0. \tag{6}$$

Aus (5) und (6) kann x direkt eliminiert werden, so daß sich die Bifurkationsmenge B als Fläche im dreidimensionalen Kontrollraum C ergibt. Da wir uns mit dem qualitativen Verhalten des Systems beschäftigen und vor allem B skizzieren wollen, erweist sich ein anderer Zugang als günstiger. Es sei C_u eine Ebene u = konstant in C und es sei B_u der Schnitt von C_u mit B. Dann wird B_u eine Kurve in C sein, und wenn wir diese Kurve für alle

Werte von u zeichnen können, dann können wir die Gesamtfläche B aufbauen.

Auch wenn wir u konstant halten, ist es besser, x nicht aus den Gleichungen zu eliminieren, sondern als Parameter entlang B_u zu betrachten. Wie wir dann aus (6) feststellen können, ist v eine ungerade Funktion in x. Zusammen mit Gl. (5) impliziert dies, daß w eine gerade Funktion von x sein muß. Folglich ist w eine gerade Funktion von v, und die Kurve B_u ist für alle u symmetrisch bezüglich der w-Achse.

Nun differenzieren wir (5) und (6):

$$\frac{dw}{dx} = -2x\frac{dv}{dx}, \tag{7}$$

$$\frac{dv}{dx} = -(30x^2 + 3u). \tag{8}$$

Die restlichen Terme in (7) sind wegen (6) weggefallen. Wir müssen nun die Fälle $u > 0$ und $u < 0$ separat untersuchen.

Für positives u kann dv/dx nicht verschwinden. Daher ist v eine streng monotone Funktion von x und die Gleichung

$$\frac{dw}{dv} = -2x \tag{9}$$

gilt überall. Aus (6) folgt ferner $xv < 0$, das Gleichheitszeichen gilt nur für $x = v = 0$, wobei dann w ebenfalls verschwindet. Darüber hinaus ist B_u glatt und w ist groß, wenn $|x|$ groß ist. Das Vorzeichen von dw/dv stimmt mit dem Vorzeichen von v überein, die Ableitung verschwindet nur am Ursprung. Mit all diesen Informationen können wir Bild 4-3a zeichnen.

Für negative u ist die Situation komplizierter. Wie wir aus (8) sehen, verschwindet dv/dx für die zwei reellen Werte x, nämlich für $\pm\sqrt{-0,1\,u}$. Daher verschwindet dw/dx für drei Werte von x, nämlich die beiden eben genannten und (wie vorher auch) für $x = 0$. Also wird B_u einen kritischen Punkt für $x = 0$ und Spitzen an den zwei anderen Punkten haben.

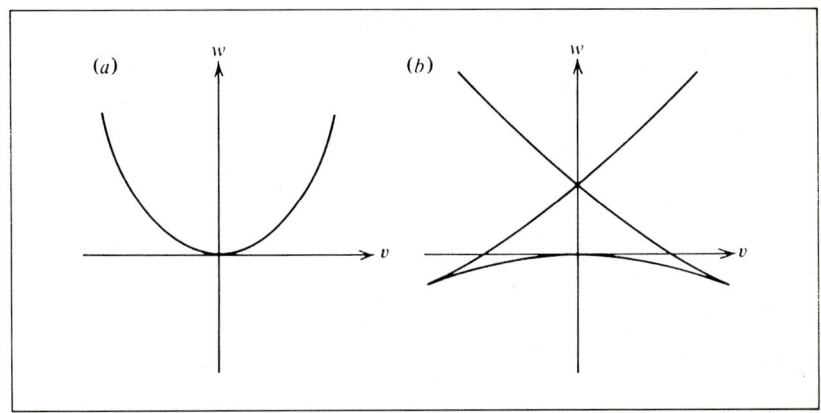

Bild 4-3 Querschnitt durch die Bifurkationsmenge des Schwalbenschwanzes für (a) $u > 0$ und (b) $u < 0$

Um die Natur des kritischen Punktes zu untersuchen, betrachten wir Gleichung (6). Wie aus ihr folgt, kann das Produkt xv für $|x| < \pm\sqrt{(-0,3\,u)}$ nicht negativ sein. Da x und v also gleichzeitig verschwinden, ist für kleine positive v auch x klein und positiv, daher ist dann dw/dv negativ. Gemeinsam mit der Symmetrie von B_u um die w-Achse folgt daraus, daß der kritische Punkt ein relatives Maximum ist.

Schließlich folgt aus $v = 0$ entweder $x = 0$ oder $x = \pm\sqrt{(-0,3\,u)}$. Wie wir gerade gesehen haben, entspricht $x = 0$ einem Maximum am Ursprung. Setzen wir die beiden anderen Wurzeln in Gl. (5) ein, so ergibt sich $w = 9\,u^2/20$. Daher hat B_u auf der positiven w-Achse einen Selbstschnitt. Wie wir ferner beweisen können, sind für großes $|x|$ auch $|v|$ und w groß. Wir haben daher mit Hilfe des Parameters x die Punkte in folgender Weise anzuordnen: Selbstschnitt, Kuspe, Maximum, Kuspe, Selbstschnitt, dargestellt in Bild 4-3b. Da alle Punkte des Selbstschnittes auf der Parabel

$$w = \frac{9\,u^2}{20}, \qquad v = 0$$

liegen, können wir die Kurven B_u zusammensetzen und aus ihnen die Fläche B in Bild 4-4 konstruieren. Der Grund für den Namen „Schwalbenschwanz" ist nun offensichtlich.

Um nun die Form des Potentials in jeder der drei Regionen zu finden, in die C durch B geteilt wird, genügt es, die Punkte für $v = 0$ und $u < 0$ zu untersuchen. Wir erhalten dann als Lösung der Gleichung (5)

$$x^2 = \frac{1}{10} \left(-3u \pm \sqrt{9u^2 - 20w} \right)$$

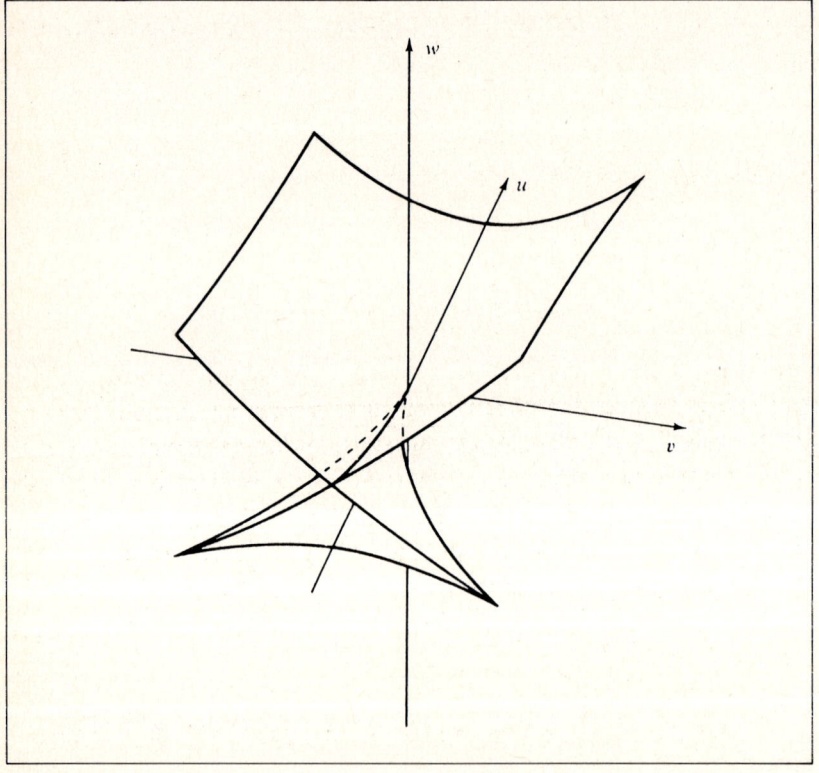

Bild 4-4   Die Bifurkationsmenge des Schwalbenschwanzes. Nach Bröcker und Lander (1975)

und müssen drei Fälle unterscheiden:

(a) $w > 9u^2/20$ Gl. (5) hat keine reellen Wurzeln, V hat keine kritischen Punkte.

(b) $0 < w < 9u^2/20$ Weil $\sqrt{9u^2 - 20\,w}$ reell ist und kleiner als das reelle positive $- 3u$, sind beide Lösungen für x^2 reell und positiv. V hat vier kritische Punkte: zwei Maxima und zwei Minima.

(c) $w < 0$ Beide Lösungen für x^2 sind reell, eine jedoch ist negativ. Daher hat V nur zwei kritische Punkte: ein Maximum und ein Minimum.

Daher ist in Bild 4-4 oberhalb der Fläche *kein* stabiles Gleichgewicht möglich, unterhalb der Fläche gibt es *ein* stabiles Gleichgewicht, innerhalb des Schwalbenschwanzes gibt es *zwei*.

Die elliptische Umbilik

Hier ist das Potential

$$V(x, y) = \frac{1}{3} x^3 - xy^2 + w(x^2 + y^2) - ux + vy.$$

Wir haben die Variablen umgeeicht, um im ersten Term den Faktor $\frac{1}{3}$ zu erzielen, mit dessen Hilfe die Rechnungen einfacher werden; die qualitativen Resultate werden davon natürlich nicht beeinträchtigt. Der Phasenraum ist nun fünfdimensional, der Kontrollraum hingegen ist nur dreidimensional, so daß wir ihn zeichnen können. Die Gleichgewichtsfläche M ist die dreidimensionale Hyperfläche mit den Gleichungen

$$x^2 - y^2 + 2\,wx - u = 0, \tag{10a}$$

$$- 2\,xy + 2\,wy + v = 0. \tag{10b}$$

Die Singularitätsmenge S ist jene Untermenge von M, für die gilt

$$\begin{vmatrix} 2\,x + 2\,w & - 2\,y \\ - 2\,y & - 2\,x + 2\,w \end{vmatrix} = 0$$

oder

$$\Delta = 4 (w^2 - x^2 - y^2) = 0. \tag{11}$$

Wir gehen nach demselben Verfahren vor, wie in den anderen Fällen. Anstatt die Gleichung von B durch Eliminieren von x und y aus S direkt herzuleiten, untersuchen wir die Ebenen $w = $ konstant und zeichnen die Kurven B_w. Aufgrund von Gl. (11) können wir für konstantes w ansetzen

$$x = w \cos\theta, \quad y = w \sin\theta$$

Substitution in Gl. (10) gibt uns u und v als Funktionen eines einzigen Parameters θ:

$$u = w^2 (\cos 2\theta + 2 \cos\theta)$$
$$v = w^2 (\sin 2\theta - 2 \sin\theta).$$

Für $w = 0$ reduziert sich B_w auf den Einzelpunkt $u = v = 0$. Für $w \neq 0$ erhalten wir

$$\frac{du}{d\theta} = 0 \qquad \text{für } \theta = 0, \pi, \pm \frac{2\pi}{3}$$

und

$$\frac{dv}{d\theta} = 0 \qquad \text{für } \theta = 0, \pm \frac{2\pi}{3}$$

Es gibt daher Kuspen an den Punkten

$$(3 w^2, 0); \qquad \left(-\frac{3}{2} w^2, \frac{3\sqrt{3}}{2} w^2 \right); \qquad \left(-\frac{3}{2} w^2, \frac{-3\sqrt{3}}{2} w^2 \right)$$

und eine vertikale Tangente im Punkt $(-w^2, 0)$. Nun können wir B_w leicht zeichnen (Bild 4-5). Die Kurven der Kuspen sind klarerweise Parabeln, und wir können daher auch die vollständige Bifurkationsmenge B skizzieren (Bild 4-6). Es gibt wieder drei Gebiete, in denen wir die Form des Potentials V zu bestimmen haben. Für die zwei Gebiete innerhalb der spitzen Kegel können wir die Berechnungen vereinfachen, wenn wir Testpunkte auf der w-Achse

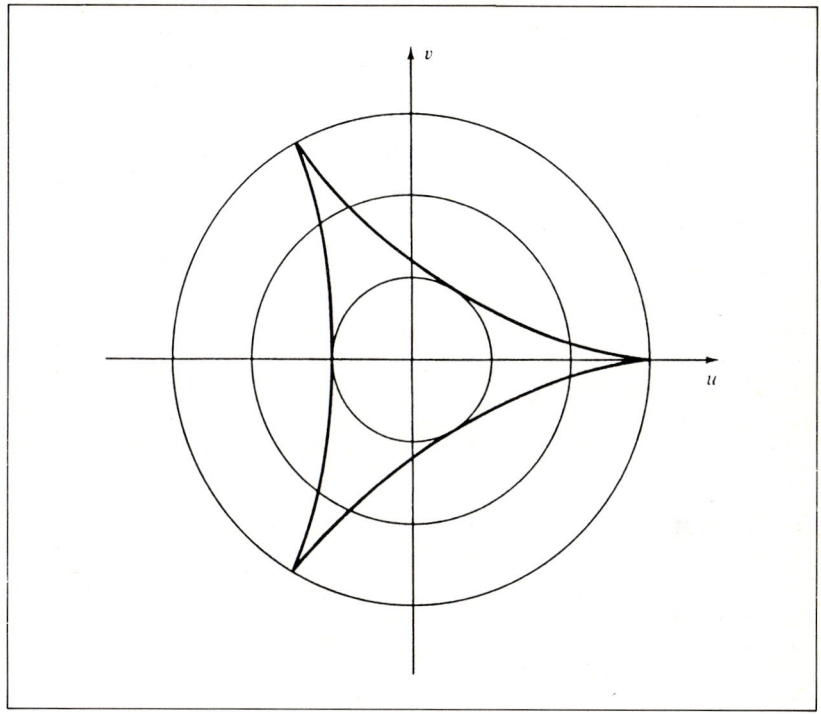

Bild 4-5 Querschnitt der Bifurkationsmenge der elliptischen Umbilik. Nach Bröcker und Lander (1975)

betrachten. Die Gleichungen für die Gleichgewichtsfläche M reduzieren sich dann auf

$$x^2 - y^2 + 2\,wx = 0,$$
$$y\,(w - x) = 0.$$

Es gibt vier Lösungen:

$$x = w, \quad y = \pm\sqrt{3}\,w; \quad x = y = 0; \quad x = -2\,w, \quad y = 0.$$

Alle, ausgenommen $x = y = 0$, machen die Diskriminante Δ negativ und sind daher Sattelpunkte. Für $x = y = 0$ erhalten wir

$$\Delta = 4\,w^2 > 0 \quad \text{und} \quad \frac{\partial^2 V}{\partial x^2} = w.$$

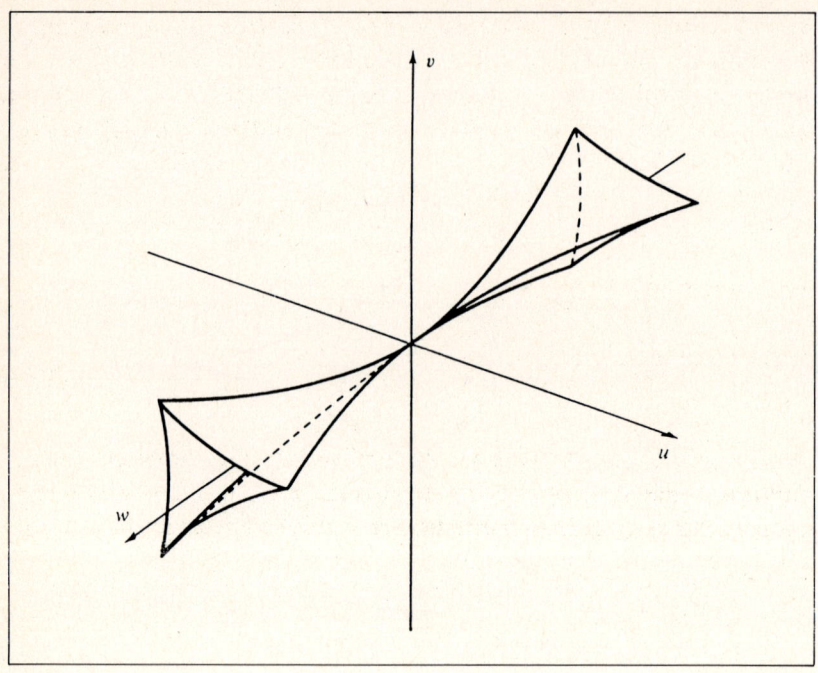

Bild 4-6   Die Bifurkationsmenge der elliptischen Umbilik. Nach Bröcker und Lander (1975)

Der verbleibende kritische Punkt ist daher ein Minimum für $w > 0$ und ein Maximum für $w < 0$. Innerhalb des einen Kegels liegen daher drei Sattelpunkte und ein Minimum, innerhalb des anderen Kegels gibt es drei Sattelpunkte und ein Maximum.

Im verbleibenden Bereich ist es am günstigsten, den speziellen Punkt $(u, v, w) = (0, 2, 0)$ zu betrachten. An diesem Punkt ergibt sich für die Gleichungen von M

$$x^2 = y^2 \quad \text{und} \quad xy = 1.$$

Wir erhalten zwei Lösungen $x = y = \pm 1$. In beiden Fällen gilt $\Delta = -8$, so daß für jeden Punkt dieser Region das Potential zwei kritische Punkte hat, nämlich zwei Sattelpunkte. So ist nur in einer einzigen der drei Regionen etwas anderes möglich als der „leere" Zustand.

Die hyperbolische Umbilik

Das Potential ist durch

$$V(x, y) = x^3 + y^3 + wxy - ux - vy$$

gegeben. Wir erhalten wiederum einen fünfdimensionalen Phasenraum und einen dreidimensionalen Kontrollraum. Die Vorzeichen von u und v haben wir umgekehrt, um die Berechnungen zu erleichtern. Die Gleichungen für M lauten nun

$$3x^2 + wy - u = 0, \tag{12a}$$

$$3y^2 + wx - v = 0. \tag{12b}$$

Die Singularitätsmenge ist jene Untermenge von M, für die auch

$$\begin{vmatrix} 6x & w \\ w & 6x \end{vmatrix} = 0$$

oder

$$\Delta = 36xy - w^2 = 0 \tag{13}$$

gilt.

Wiederum ist es am einfachsten, die Schnitt mit $w = $ konstant zu betrachten. Zunächst können wir feststellen, daß für $w = 0$ entweder x oder y verschwinden muß. Für $x = 0$ folgt aus (12a) $u = 0$ und aus (12b) $v > 0$. Wie wir daraus und aus dem entsprechenden Resultat für $y = 0$ erkennen können, besteht B_0 aus der positiven u- und v-Achse.

Nun sei $w \neq 0$. Mit Hilfe von Gl. (13) stellen wir y durch x dar und gehen damit in Gl. (12), um die Parameter-Gleichungen für u und v zu erhalten:

$$u = 3x^2 + \frac{w^3}{36x}, \tag{14a}$$

$$v = \frac{3w^4}{36^2 x^2} + wx. \tag{14b}$$

Für sehr kleine $|x|$ sind daher sowohl $|u|$ als auch $|v|$ sehr groß. Andererseits ist v für kleine positive x und kleine negative x positiv, während u das Vorzeichen wechselt (es hat für $w > 0$ dasselbe Vorzeichen wie x und für $w < 0$ das entgegengesetzte). Die Kurve B_w ist daher nicht stetig, sondern besteht aus zwei nicht zusammenhängenden Stücken.

Nun differenzieren wir die Gln. (14a, b) nach x:

$$\frac{du}{dx} = 6x - \frac{w^3}{36x^2},$$

$$\frac{dv}{dx} = -\frac{6w^4}{36^2 x^3} + w.$$

Beide Ableitungen verschwinden dann und nur dann, wenn $x = w/6$. Wir erhalten daher für B_w keine relativen Maxima oder Minima und nur eine einzige Kuspe an der Stelle $(\frac{1}{4}w^2, \frac{1}{4}w^2)$.

Für $w > 0$ und $x < 0$ ist B_w glatt und hat keine stationären Punkte. Wir erhalten für $x = -w/(3.4^{1/3})$ einen Schnitt mit der v-Achse, also für

$$v = \frac{1}{3}w^2 \left(\frac{1}{16^{4/3}} - \frac{1}{4^{1/3}} \right) < 0.$$

Der Kurventeil für $x > 0$ hat eine Kuspe, aber keine stationären Punkte oder Schnitte mit den Achsen. Mit diesen Informationen und mit der Tatsache, daß aus der Symmetrie von v bezüglich x und y die Symmetrie von B_w bezüglich der Geraden $u = v$ folgt, können wir schließlich Bild 4-7 zeichnen.

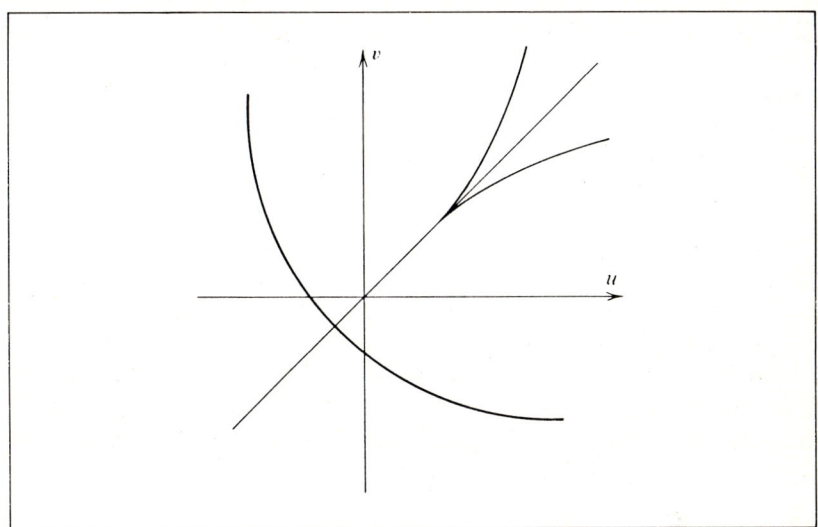

Bild 4-7 Querschnitt der Bifurkationsmenge für die hyperbolische Umbilik

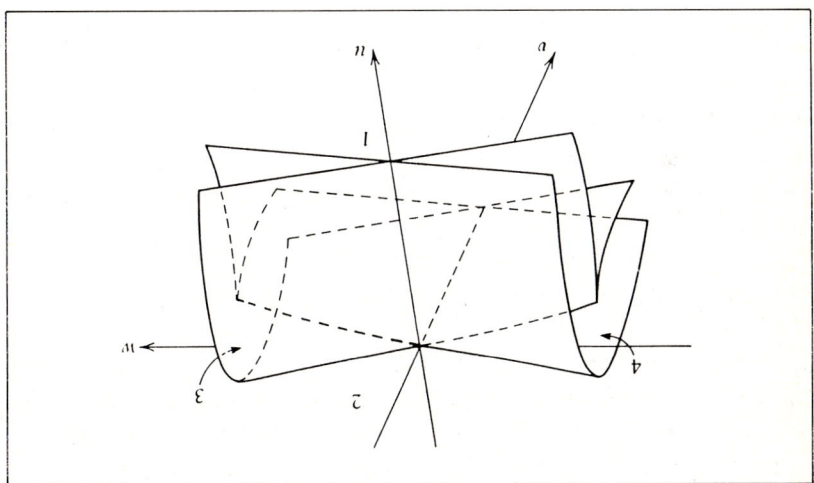

Bild 4-8 Die Bifurkationsmenge der hyperbolischen Umbilik

Für $w < 0$ erhalten wir das gleiche Bild, nur entspricht der stetige Teil der Kurve nun $x > 0$. Die Schnittlinien von B mit $u = v$ sind wieder Parabeln, so daß wir B selbst leicht zeichnen können (Bild 4-8).

Die Bifurkationsmenge teilt den Kontrollraum in vier Bereiche. Drei davon können wir durch Untersuchung von Punkten auf der Geraden

$$u = v, \quad w = 1$$

behandeln. Wir setzen dazu diese Gleichungen in die Gln. (12a, b) ein:

$$3x^2 + y = 3y^2 + x,$$

oder umgeformt:

$$(x - y)\left(x + y - \frac{1}{3}\right) = 0$$

Diese Gleichung ist erfüllt für

$$x = y \quad \text{oder} \quad x + y = \frac{1}{3}.$$

Diese beiden Gleichungen sind nur für die Kuspen-Punkte gleichzeitig erfüllt, und wir betrachten sie nicht, da sie auf B selbst liegen.

Für $x = y$ folgt aus Gl. (12a)

$$3x^2 + x - u = 0$$

mit zwei reellen Wurzeln für und nur für $u > -\frac{1}{12}$. Mit $x + y = \frac{1}{3}$ ergibt Gl. (12a)

$$3x^2 - x + \frac{1}{3} - u = 0.$$

Wir erhalten zwei reelle Wurzeln für und nur für $u > \frac{1}{4}$. Da $u = v = -\frac{1}{12}$ auf dem glatten Teil von B_1 liegt und $u = v = \frac{1}{4}$ ein Kuspen-Punkt ist, finden sich in der Region 1 vier kritische Punkte, in der Region 2 zwei und in der Region 3 keiner. Durch die Wahl geeigneter

Punkte können wir leicht zeigen, daß das Potential im Gebiet 1 ein Minimum, ein Maximum und zwei Sattelpunkte hat, während im Gebiet 2 ein Maximum und ein Sattelpunkt auftreten. Damit bleibt nur noch Gebiet 4 zu untersuchen, das die negative w-Achse enthält. Wie wir mit einer analogen Rechnung leicht zeigen können, hat das Potential hier einen Sattelpunkt und ein Minimum.

Somit kann das Potential für die hyperbolische Umbilik — ebenso wie für die elliptische Umbilik — höchstens ein einziges stabiles Gleichgewicht haben. Das Gebiet, in welchem es liegt, ist in Bild 4—9 dargestellt.

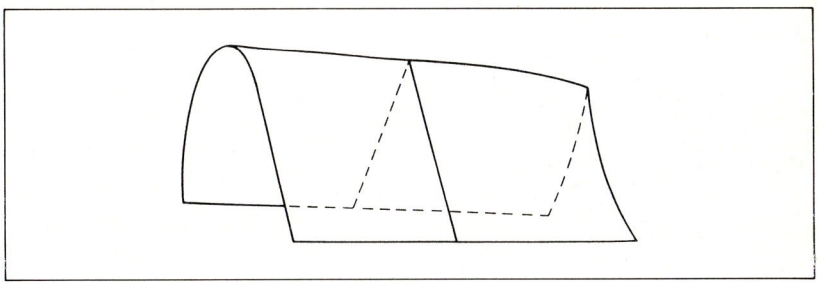

Bild 4-9 Grenzfläche des einzigen nicht-leeren Zustands der hyperbolischen Umbilik

Der Schmetterling

Als Potential haben wir

$$V(x) = x^6 + tx^4 + ux^3 + vx^2 + wx.$$

Der Phasenraum ist wieder fünfdimensional, der Kontrollraum ist nun allerdings vierdimensional, so daß wir die Bifurkationsmenge nicht zeichnen können. Am vernünftigsten ist es daher, die Kurven B_{tu} zu zeichnen, also die Schnitte von B mit den Ebenen $t =$ konstant, $u =$ konstant für verschiedene Werte von t und u. (Wie wir uns in Erinnerung rufen können, hat eine Ebene des R^4 die Kodimension 2 und wird daher durch zwei Gleichungen definiert.) Tatsächlich werden wir die Rechnung nur für $u = 0$ explizit ausführen, da wir bereits an diesem Beispiel das charakteristische Verhalten der Schmetterlings-Katastrophe erkennen können.

Die Gleichgewichtsfläche M ist die Hyperfläche

$$6x^5 + 4tx^3 + 3ux^2 + 2vx + w = 0. \tag{15}$$

Als Singularitätsmenge ergibt sich jene Untermenge von M, für die auch gilt

$$30x^4 + 12tx^2 + 6ux + 2v = 0. \tag{16}$$

Wir halten t und u fest und verwenden x als Parameter für B_{tu}:

$$-v = 15x^4 + 6tx^2 + 3ux, \tag{17}$$

$$w = 24x^5 + 8tx^3 + 3ux^2. \tag{18}$$

Für $t = u = 0$ können wir x eliminieren, und es ergibt sich

$$-\left(\frac{v}{15}\right)^5 = \left(\frac{w}{24}\right)^4$$

B_{00} ist daher eine einfache Kuspe. Um zu sehen, was für die anderen Werte von t und u geschieht, differenzieren wir (17) und (18):

$$-\frac{dv}{dx} = 60x^3 + 12tx + 3u, \tag{19}$$

$$\frac{dw}{dx} = 120x^4 + 24tx^2 + 6ux. \tag{20}$$

dw/dx verschwindet für $x = 0$. Beide Ableitungen verschwinden zugleich, wenn

$$20x^3 + 4tx + u = 0. \tag{21}$$

Die Gln. (19) und (20) haben keine anderen Nullstellen, so daß B_{tu} eine vertikale Tangente (am Ursprung) oder Kuspen, aber keine horizontalen Tangenten haben kann.

Gl. (21) ist dritten Grades und muß daher stets mindestens eine reelle Wurzel haben. Für B_{tu} ergibt dies immer mindestens eine

Kuspe. Drei Kuspen erhalten wir, wenn alle Wurzeln von (21) reell sind. Dies tritt ein unter der Bedingung

$$u^2 + 4 \left(\frac{4t}{3}\right)^3 < 0.$$

Sie kann für positives t nicht erfüllt werden, t wird daher „*Schmetterlingsfaktor*" genannt und erinnert uns daran, daß wir im wesentlichen durch die Veränderung dieser Variablen von einer einfachen Kuspen-Kurve zu einer Kurve mit der Schmetterlingsform kommen. Die Variable u wird „*Verschiebungsfaktor*" genannt, weil B_{tu} nur für $u = 0$ um die v-Achse symmetrisch ist (die Argumentationsweise verläuft dann ähnlich wie für den Beweis der Symmetrie des Schwalbenschwanzes). Die Größen w und v bezeichnen wir als „*Normalvariable*" bzw. „*aufspaltende Variable*", weil sie dieselbe Rolle spielen, wie die Normal- und aufspaltende Variable der Riemann-Hugoniot-Katastrophe (Kuspe).

Wir setzen nun $u = 0$ und erhalten aus Gln. (17) — (20)

$$-v = \quad 15x^4 + \quad 6tx^2, \tag{22}$$

$$w = \quad 24x^5 + \quad 8tx^3, \tag{23}$$

$$-\frac{dv}{dx} = \quad 60x^3 + 12tx, \tag{24}$$

$$\frac{dw}{dx} = 120x^4 + 24tx^2. \tag{25}$$

Für $t > 0$ ist offensichtlich v stets negativ, und wir erhalten eine Kuspe am Ursprung (keine zusätzliche vertikale Tangente). B_{tu} ist dann eine Kurve mit einer Kuspe.

Für $t < 0$ verschwinden die beiden Ableitungen gleichzeitig bei $x = 0$ und $x = \pm\sqrt{(-t/5)}$. Wir haben nun drei Kuspen, aber wieder keine zusätzliche vertikale Tangente. Setzen wir direkt in (8) und (9) ein, so finden wir die beiden Kuspen, die nicht am Ursprung liegen, in der oberen Halbebene auf. Schließlich können wir die Schnittpunkte mit den Achsen festlegen:

$$v = 0 \quad \text{impliziert } x = 0 \text{ oder } x^2 = -\frac{6t}{15}$$

$$w = 0 \quad \text{impliziert } x = 0 \text{ oder } x^2 = -\frac{t}{3}$$

Abgesehen vom Ursprung, mit dem wir uns bereits beschäftigt haben, finden wir zwei Schnitte mit der w-Achse, aber nur einen mit der v-Achse, da die beiden Werte $\pm\sqrt{(-t/3)}$ denselben (positiven) Wert, nämlich $v = t^2/3$, ergeben. Es gibt daher auf der v-Achse einen Selbstschnitt. Wenn wir uns schließlich überzeugt haben, daß v und w für große Werte von $|x|$ tatsächlich das angezeigte Verhalten an den Tag legen, können wir nun Bild 4-10 zeichnen.

Um nun das Potential in den verschiedenen Gebieten darzustellen, beginnen wir mit $u = w = 0$. Die Gleichung von M reduziert sich auf

$$6x^5 + 4tx^3 + 2vx = 0.$$

Eine Wurzel lautet offensichtlich $x = 0$, die anderen vier folgen aus

$$x^2 = \frac{1}{3}(-t \pm \sqrt{t^2 - 3v}).$$

Für $t > 0$ hat x^2 nur und nur für $v < 0$ einen positiven reellen Wert. Es gibt daher drei Gleichgewichte in der Kuspe (zwei stabile, ein instabiles) aber nur ein einziges (stabiles) Gleichgewicht außerhalb der Kuspe, wie dies auch bei der Kuspe (als Elementarkatastrophe) der Fall war.

Für $t < 0$ erhalten wir drei Fälle:

(a) $v < 0$ drei Gleichgewichte (zwei stabile und ein instabiles),

(b) $0 < v < t^2/3$ fünf Gleichgewichte (drei stabile und zwei instabile),

(c) $v > t^2/3$ ein stabiles Gleichgewicht.

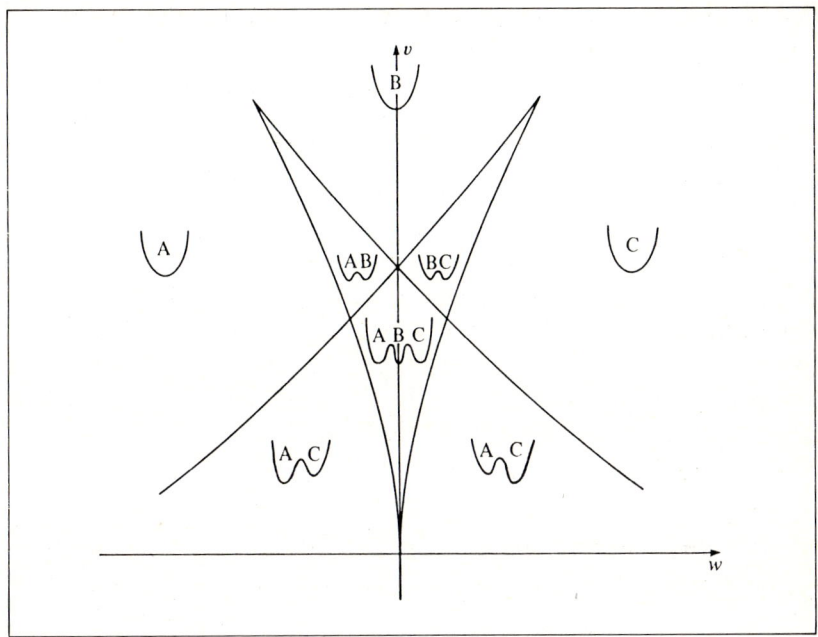

Bild 4-10 Querschnitt der Birfurkationsmenge für den Schmetterling mit $u = 0$ und $t < 0$. Die Form des Potentials $V(x)$ ist in jedem Bereich eingezeichnet. Die Minima wurden mit Buchstaben benannt – dies soll erleichtern vorherzusagen, was geschieht, wenn die Kontrolltrajektorie verschiedene Teile der Bifurkationsmenge schneidet.

Die Herleitung verläuft genauso, wie bei der Schwalbenschwanz-Katastrophe. Die zwei restlichen Gebiete können wir ohne jede weitere Rechnung behandeln. Überschreiten wir nämlich die Bifurkationsmenge einer Kuspoiden (und zwar nicht an einem besonderen Punkt wie etwa an einem Selbstschnitt), so kommt entweder ein Gleichgewichtspaar (eines stabil, eines unstabil) hinzu oder ein solches verschwindet. Die zwei in Frage kommenden Gebiete haben gewöhnliche, gemeinsame Grenzen zu einer Region mit fünf kritischen Punkten und einer Region mit einem kritischen Punkt. Daher müssen in diesen Gebieten drei Gleichgewichtsfälle auftreten, zwei stabile und ein instabiles Gleichgewicht.

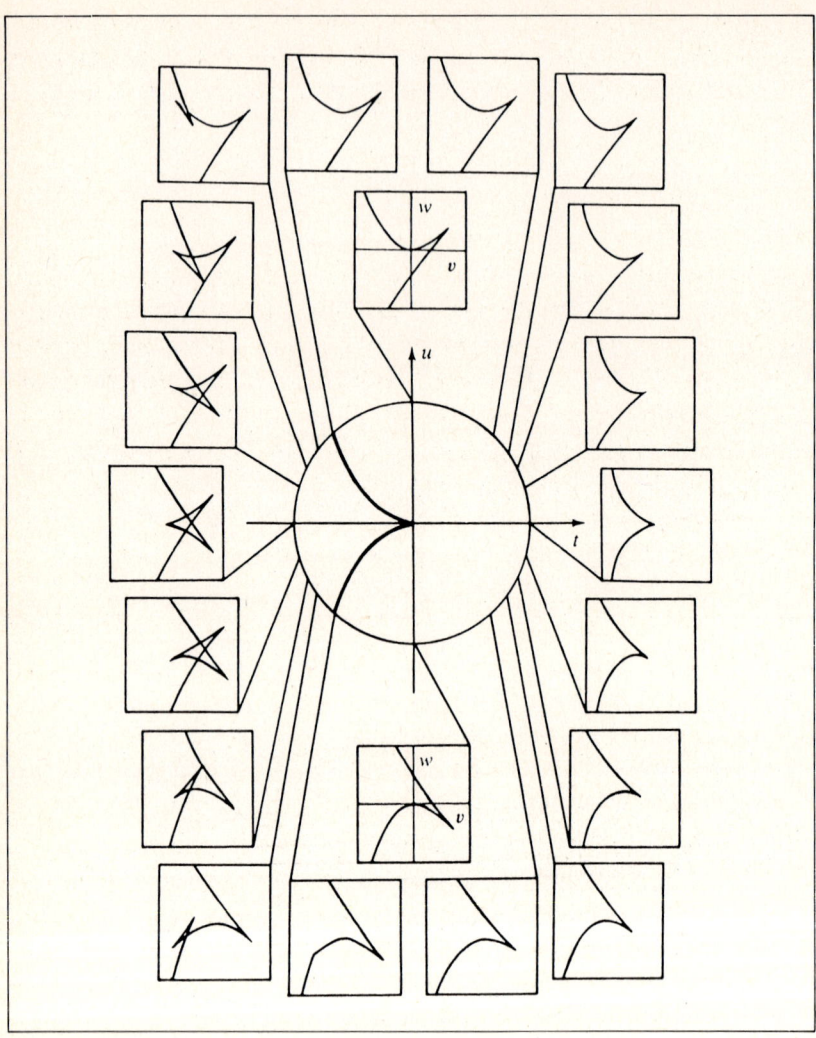

Bild 4-11 Querschnitt der Bifurkationsmenge des Schmetterlings für verschiedene Werte von u und t

In Bild 4-11 stellen wir B_{tu} für verschiedene Werte von t und u dar. Die „Tasche" mit drei stabilen Gleichgewichten tritt auf, wenn wir in der t-u-Ebene eine Kurve kreuzen, deren Gleichung wir aus (22) mit

$$u^2 + 4\left(\frac{4t}{3}\right)^3 = 0$$

herleiten können. Ist der Schmetterlingsfaktor t negativ, dann wird die Tasche nicht auftreten, wenn der Betrag des Verschiebungsfaktors u zu groß ist; diese Feststellung ist für einige Anwendungen wichtig. Schließlich zeigen wir in Bild 4-12 die Gleichgewichtsfläche M als Funktion von x, v, w für $u = 0$ und $t < 0$. Dies illustrierte die Ähnlichkeit zwischen dem Schmetterling und der Kuspe, für $t > 0$ sind die Flächen natürlich äquivalent.

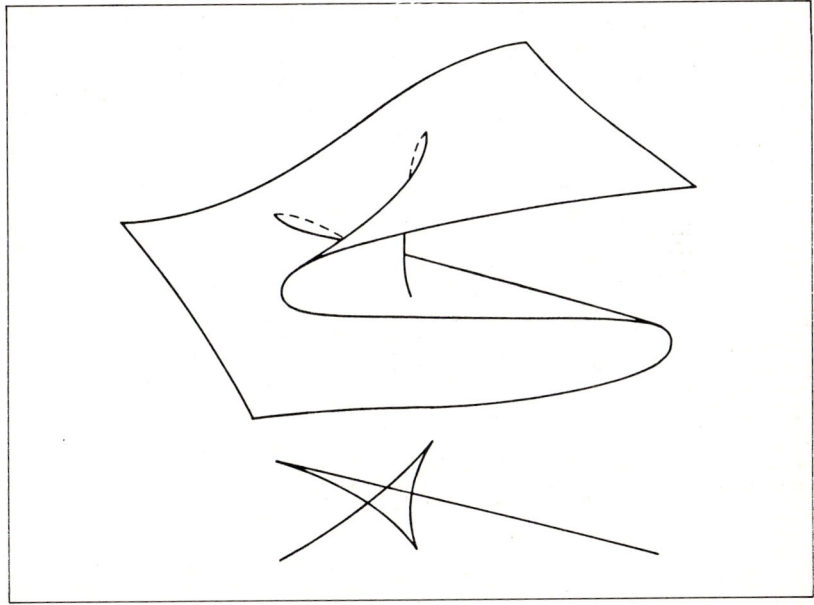

Bild 4-12 Die Gleichgewichtsfläche des Schmetterlings für $u = 0$ und $t < 0$

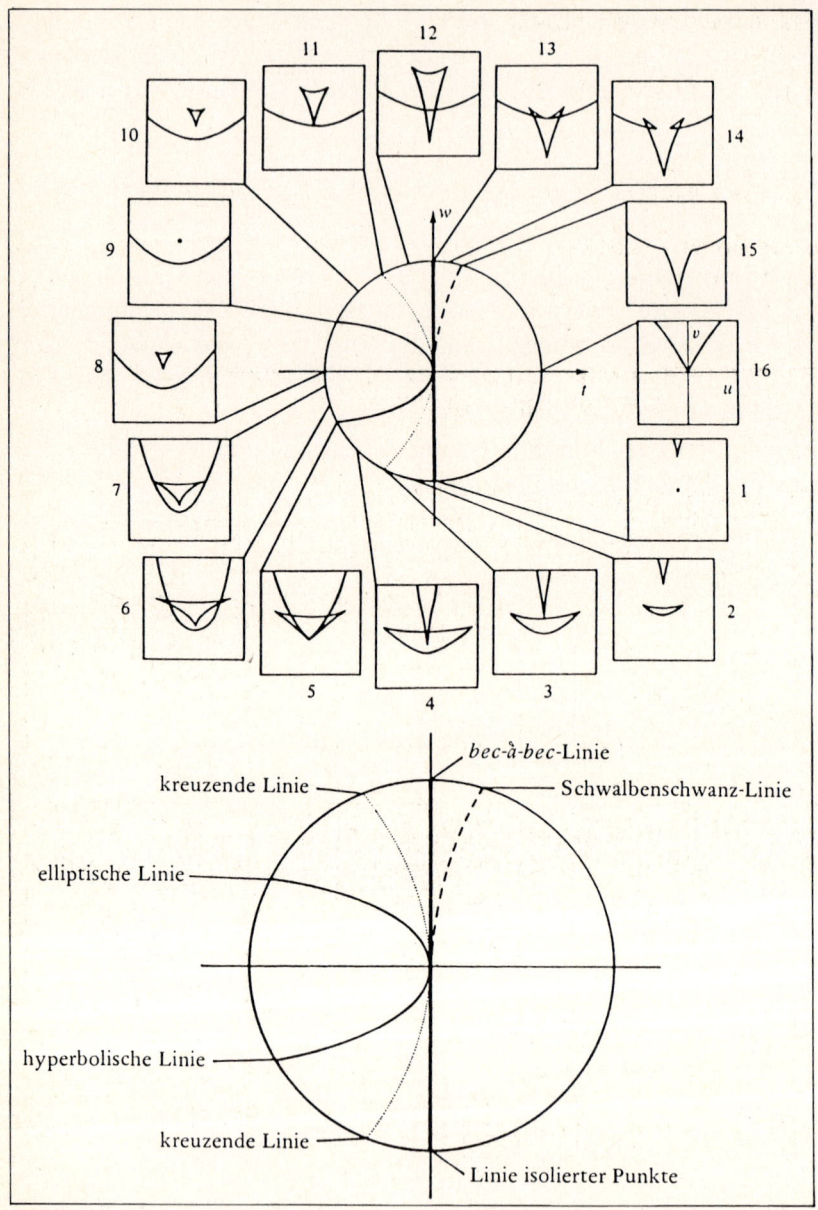

Bild 4-13 Querschnitt der Bifurkationsmenge der parabolischen Umbilik für verschiedene Werte von u und t. Nach Bröcker und Lander (1975)

Die parabolische Umbilik

Als Potential nehmen wir

$$V(x, y) = y^4 + x^2 y + wx^2 + ty^2 - ux - vy.$$

Die Gleichgewichtsfläche M ist durch die Gleichungen

$$2xy + 2wx - u = 0 \tag{26a}$$

$$x^2 + 4y^3 + 2ty - v = 0 \tag{26b}$$

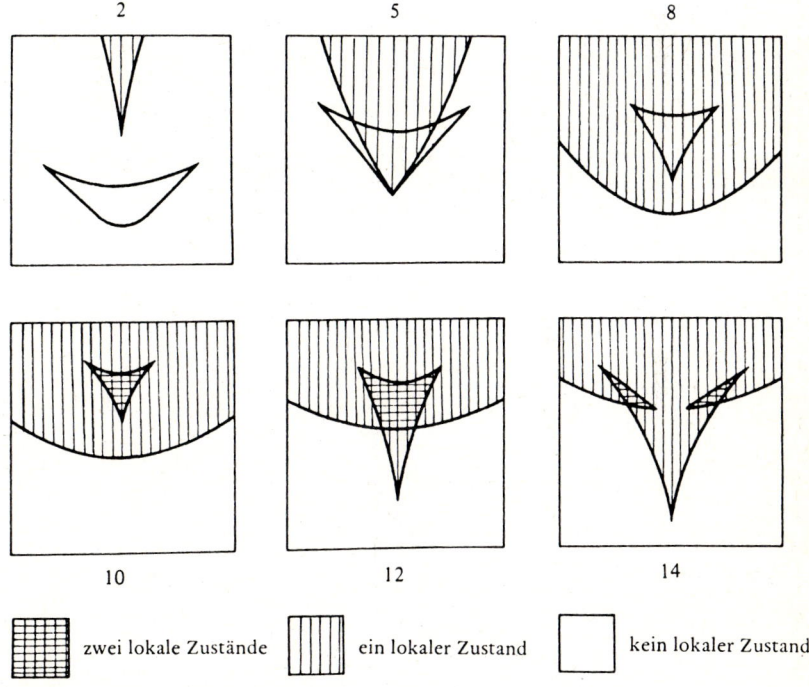

▦ zwei lokale Zustände	▯ ein lokaler Zustand	☐ kein lokaler Zustand	

Bild 4-14 Die Anzahl von lokalen Zuständen für unterschiedliche Werte von w und t (vgl. Bild 4-13). Nach Bröcker und Lander (1975)

gegeben. Die Singularitätsmenge S ist jene Untermenge M, für die gilt:

$$\begin{vmatrix} 2y + 2w & 2x \\ 2x & 12y^2 + 2t \end{vmatrix} = 0,$$

also

$$(y + w)(6y^2 + t) = x^2 \tag{27}$$

Offensichtlich gibt es keinen raschen Weg, um die Bifurkationsmenge zu skizzieren, obwohl die parabolische Umbilik im allgemeinen nicht komplizierter ist als der Schmetterling. Wir wollen hier jedenfalls die Rechnungen beiseitelassen und ohne jede weitere Analyse die Bilder 4-13 und 4-14 angeben, die ursprünglich von Chenciner stammen. Wir finden in der Abbildung alle Katastrophen mit einer Kodimension kleiner als vier: die Kuspe (16), den Schwalbenschwanz (14), die elliptische Umbilik (10) und die

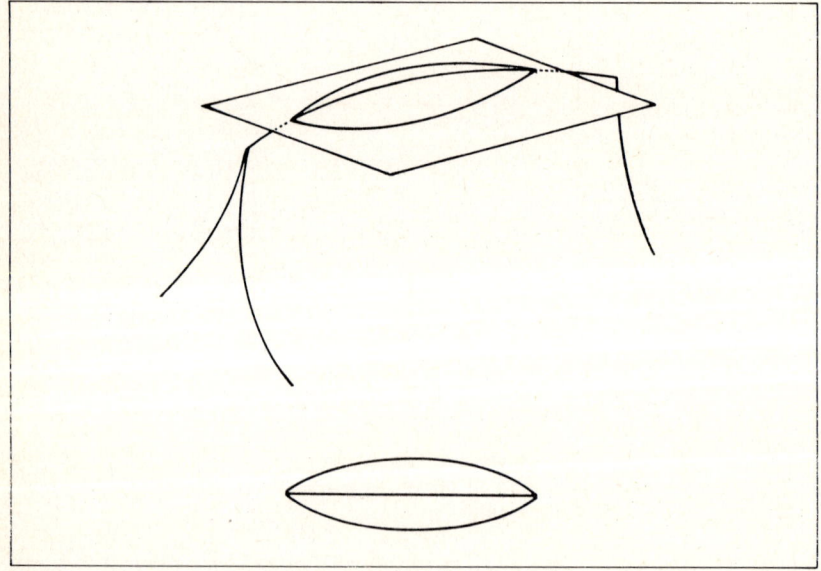

Bild 4-15 Lippen

hyperbolische Umbilik (5). Dazu kommen zwei ungewohnte Konfigurationen, die „Lippen" (2) und die *„bec-à-bec"*-Konfiguration (13). Es handelt sich dabei aber nicht um neue Katastrophen, die wir irgendwie übersehen haben. Vielmehr ergeben sie sich aus der Tatsache, daß in drei Dimensionen nicht nur einfache Kuspen möglich sind, deren Bifurkationsmenge zweidimensional sind,

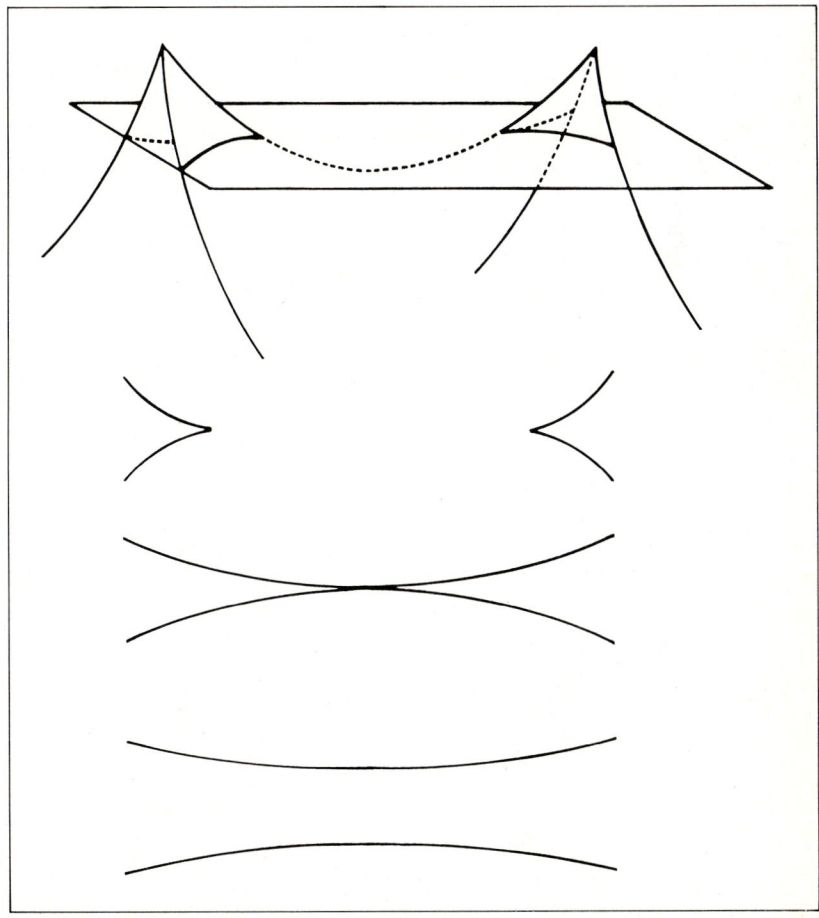

Bild 4-16 *bec-à-bec*

sondern eine ganze Kurve von Kuspen. Wenn wir diese mit Ebenen schneiden, dann erhalten wir je nach der Krümmung der Kurve die zwei zusätzlichen Formen, siehe Bilder 4-15 und 4-16.

Mehr über die Analyse der parabolischen Umbilik kann bei Thom (1972) oder Poston und Stewart (1978a) gefunden werden. Godwin (1971) hat einige dreidimensionale Schnitte für die Bifurkationsmenge gezeichnet.

5
Physikalische Anwendungen

Die Katastrophentheorie kann nicht nur zur Behandlung sehr verschiedener Probleme, sondern auch in verschiedensten Variationen angewendet werden. Dies ist geradezu ein Charakteristikum, das Thom (1976) in seinem Essay "The two-fold way of catastrophe theory" dargestellt hat. Er bezeichnet die beiden „Enden" des Spektrums der Anwendungen als das „physikalische" und das „metaphysische":

> „Entweder man beginnt bei bekannten wissenschaftlichen Gesetzen (aus der Mechanik oder der Physik) und führt den Formalismus der Katastrophentheorie (möglicherweise modifiziert) als Ergebnis dieser Gesetze ein: das ist der physikalische Weg. Oder man geht von einer noch nicht erklärten experimentellen ‚Morphologie' aus, postuliert ‚a priori' die Gültigkeit des Formalismus der Katastrophentheorie und versucht dann die Dynamik zu rekonstruieren, die dieser Morphologie zugrunde liegt: das ist der ‚metaphysische' Weg. Überflüssig zu sagen, daß mir der zweite Weg aussichtsreicher erscheint, als der erste, wenn auch weniger sicher ...''

Es scheint mir natürlich, wenn ein Lehrbuch mit den sicheren Beispielen beginnt. Wir werden daher in diesem Kapitel drei Abwendungen der Katastrophentheorie auf die Physik behandeln. Da die Dynamik bekannt ist, wird es sich dabei fast ausschließlich um Standardrechnungen handeln, obwohl die Katastrophentheorie in jedem der Fälle neues Licht auf das Problem wirft. Die drei Beispiele

werden umgekehrt sogar zu unserem Verständnis der Katastrophentheorie beitragen, da sie als relativ einfache Illustrationen dienen
können und auch die Anwendbarkeit auf Systeme illustrieren, die
weit über die „Gradienten-Dynamik" (Kapitel 1) hinausgeht.

Kaustiken

Bei der Untersuchung vieler optischer Phänomene können wir die
Wellennatur des Lichtes vernachlässigen und einfach den Energie-
transport entlang bestimmter Kurven (der Lichtstrahlen) untersuchen. Konzentrieren wir uns dabei auf eine kleine Menge
benachbarter Strahlen — wir sprechen von einem Lichtbündel — so
erweist sich die Intensität des Lichtes als umgekehrt proportional
zur Querschnittsfläche des Bündels. Verlaufen die Lichtstrahlen
parallel, so ist die Intensität längs der Lichtstrahlen konstant;
gehen die Strahlen von einer Punktquelle aus, so erhalten wir die
bekannte umgekehrt quadratische Abhängigkeit der Beleuchtungs-
stärke von der Entfernung.

Nun werden die Strahlen eines Bündels manchmal fokussiert, so
daß sie nicht mehr ein Raumgebiet ausfüllen, sondern sich auf eine
Fläche oder sogar eine Kurve oder einen Punkt konzentrieren. Der
Querschnitt des Lichtbündels hat dann die Fläche null, und die
Intensität sollte nach den Gesetzen der geometrischen Optik unend-
lich werden. Dies stimmt nicht ganz, wie wir aus physikalischen
Gründen erwarten müssen und wie auch eine genauere Analyse
bestätigt. Die Intensität kann aber tatsächlich sehr groß werden:
Sie reicht aus, um beispielsweise ein Blatt Papier zum Brennen zu
bringen. Aus diesem Grund werden solche Flächen (und auch ihre
Schnittkurven mit Beobachtungsschirmen) *Kaustiken* genannt.

Sehr einfach läßt sich eine Kaustik erzeugen, indem man Sonnen-
licht auf eine fast volle Kaffeetasse fallen läßt. Bild 5-1a illustriert
die experimentelle Anordnung und das Beobachtungsergebnis.

Diese spezielle Kaustik ist leicht zu analysieren. Die innere Fläche
der Tasse sei durch den Einheitskreis dargestellt, die einfallenden

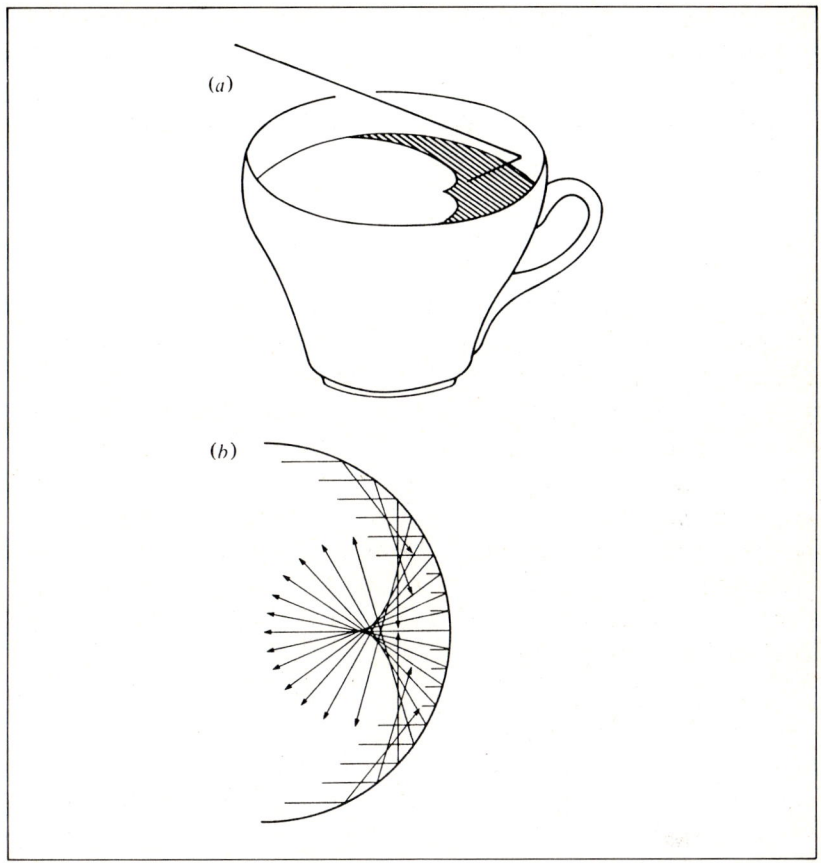

Bild 5-1 Eine leicht zu beobachtende Kaustik. Nach Zeeman (1976a)

Strahlen nehmen wir als parallel zur x-Achse an. Fällt ein Strahl in Punkt Q mit den Koordinaten $(\cos\theta, \sin\theta)$ auf die Tasse, dann ergibt sich wegen der Gleichheit von Reflexionswinkel und Einfallswinkel als Gleichung des in Q reflektierten Strahls:

$$\cdot (y - \sin\theta) \cos 2\theta = (x - \cos\theta) \sin 2\theta.$$

Betrachten wir dies als Familie von Gleichungen mit dem Parameter θ, so können wir auf diese Weise alle reflektierten Strahlen darstellen.

Die Kaustik ist die Einhüllende dieser Familie, also die Kurve, die jedes Mitglied der Familie als Tangente hat. Wir können nun die Gleichung der Einhüllenden einer 1-parametrigen Kurvenfamilie $f(x, y, \theta) = 0$ finden, wenn wir den Parameter θ aus den Gleichungen $f = 0$ und $df/d\theta = 0$ eliminieren. Ist diese Prozedur zu kompliziert, dann können wir die beiden Gleichungen dazu verwenden, um x und y für die Einhüllende in Parameterform darzustellen. Wir erhalten in diesem Fall

$$x = \cos\theta - \frac{1}{2}\cos\theta\,\cos 2\theta\;,$$

$$y = \sin\theta - \frac{1}{2}\cos\theta\,\sin 2\theta\;.$$

Die von diesen Gleichungen beschriebene Kurve (Bild 5-1) ist als Nephroide bekannt. Diese Abbildung zeigt uns auch, wie die Dichte der reflektierten Strahlen in der Nähe der Einhüllenden zunimmt und damit zu einer größeren Intensität führt. Bisher haben wir in dieser Rechnung die z-Koordinate unterdrückt. Die Gleichung schreibt tatsächlich einen Zylinder mit einem Nephroid-Querschnitt. Wir beobachten diesen Querschnitt des Zylinders mit der Ebene z = konstant, also mit der Oberfläche des Kaffees. Bis zu diesem Punkt verläuft die Analyse routinemäßig, genaueres kann in (wahrscheinlich älteren) Lehrbüchern über Optik und Differentialgleichungen gefunden werden. Wenn wir nun sehen wollen, was die Katastrophentheorie mit diesem Problem zu tun hat, müssen wir die Herleitung der Gleichungen für den reflektierenden Strahl wiederholen und dabei diesmal von dem etwas irreführend als „Prinzip der kleinsten Zeit" bekannten Fermatschen Gesetz ausgehen.

Betrachten wir einen beliebigen Punkt $P(x, y)$ im Einheitskreis und sei $Q(\cos\theta, \sin\theta)$ ein beliebiger Punkt auf dem Kreis (Bild 5-2).

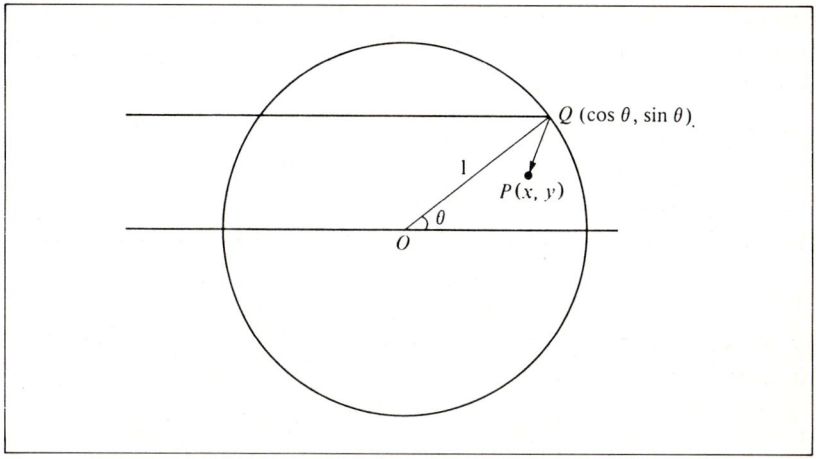

Bild 5-2

Im allgemeinen wird ein in Q reflektierter Strahl nicht durch P gehen. Ausnahmen bilden jene Punkte Q (oder jene Werte von θ), für die die Weglänge von der Quelle zu P über Q einen stationären — nicht unbedingt minimalen — Wert besitzt. Befindet sich die Quelle bei $x = -d$ und verlaufen die einfallenden Strahlen parallel zur x-Achse, so ergibt sich für die Länge dieses Weges

$$g(x, y, \theta) = d + \cos\theta + \sqrt{(x - \cos\theta)^2 + (y - \sin\theta)^2}.$$

Die Stationaritätsbedingung lautet natürlich $\partial g/\partial\theta = 0$, und wir erhalten für die Familie der reflektierten Strahlen

$$x \sin\theta - y \cos\theta = \sin\theta \sqrt{(x - \cos\theta)^2 + (y - \sin\theta)^2}$$

Wie eine kurze Rechnung zeigt, stimmt dies erwartungsgemäß genau mit der Familie $f(x, y, \theta) = 0$ überein, die wir mit der anderen Methode hergeleitet haben. Die Gleichung der Kaustik können wir folglich herleiten, wenn wir den Parameter θ aus den Gleichungen

$$\frac{\partial g}{\partial\theta} = 0, \quad \frac{\partial^2 g}{\partial\theta^2} = 0$$

eliminieren. Dies sind aber genau die Definitionsgleichungen für die Bifurkationsmenge von g, wenn wir θ als Zustandsvariable und x sowie y als Kontrollvariable nehmen. Die Kaustik ist daher die Bifurkationsmenge für das System, in welchem die Weglänge die Rolle des Potentials übernimmt. Da es nur zwei Kontrollvariable gibt, erwarten wir eine Kuspe (Riemann-Hugoniot-Katastrophe). Dies bestätigt sich, wenn wir g in der Umgebung von $(\frac{1}{2}, 0, 0)$ in eine Taylor-Reihe nach θ entwickeln.

Unsere Argumentation hängt nicht von der Gestalt jener Fläche ab, an der das Licht reflektiert wird, und gilt genauso auch für den Fall einer Fokussierung durch Brechung. Andererseits konnten wir das Problem nur deshalb durch eine einfache Minimalisierung lösen, weil der Lichtweg durch einen einzigen Parameter beschrieben wurde. Ganz allgemein werden optische Wege durch stationäre Werte für das Integral $\int n \, ds$ definiert, wobei n der Brechungsindex des Mediums ist. Wie gezeigt werden kann, sind Kaustiken allerdings auch in diesem Fall Bifurkationsmengen. Da es sich dabei um Flächen im R^3 handelt, kann es nicht mehr als drei Kontrollvariable geben. Wir werden daher als strukturell stabile Kaustiken nur Falten, Kuspen und Teile des Schwalbenschwanzes sowie der elliptischen oder hyperbolischen Umbilik beobachten (Berry, 1976).

Auf diese Weise können wir alle Kaustiken angeben, die in der Natur vorkommen; darüber hinaus können wir aber auch unser Verständnis der Katastrophentheorie vertiefen.

Zunächst kann unser System nicht im üblichen Sinne des Wortes aus einem Potential hergeleitet werden. Es gehört vielmehr zu der wesentlich größeren Klasse von Systemen, die von einem Variationsprinzip bestimmt sind. Das wesentliche am stationären Weg findet sich nicht in einem zugrundeliegenden Optimierungsprinzip, sondern in der Bedingung, daß das Licht benachbarter Wege nicht wie üblich destruktiv interferiert. Deshalb werden auch Wege maximaler und minimaler Länge in gleicher Weise zugelassen. Zum zweiten aber stimmt unsere Analyse nur bis zu einem gewissen Punkt; wir beobachten nämlich keine unendlichen Intensitäten, wie sie aufgrund unserer Analyse mit Hilfe der geometrischen Optik zu erwarten wäre. Dabei geht es aber nicht um die Frage, ob wir die Katastrophentheorie anwenden können oder nicht, sondern ganz offensichtlich nur um den Genauigkeitsgrad, den wir anstreben. Schließlich kennen wir nun auch den vollständigen Satz der Kaustiken, die in der Natur auftreten. Wir können aber in künstlichen Systemen, wie etwa in optischen Geräten, andere Kaustiken finden. Der wesentliche Punkt bei der Konstruktion von Hoch-Präzisions-Geräten ist es demnach, Systeme herzustellen, die nicht strukturell stabil sind.

Nichtlineare Schwingungen

Fast jedem Studenten der Naturwissenschaften ist die Differential-gleichung des harmonischen Oszillators

$$\ddot{x} + x = 0$$

bekannt. Wie üblich steht der Punkt für die Ableitung nach der Zeit. Diese Gleichung beschreibt Modellsysteme wie etwa eine Feder oder kleine Schwingungen eines Pendels. Wählen wir den Ursprung von t mit $x(0) = 0$, dann ergibt sich als Lösung $x = A \cos t$ mit der Konstanten A. (Die Zeitvariable wurde so skaliert, daß die Kreisfrequenz 1 beträgt).

Die obige Gleichung ist allerdings strukturell instabil, da fast jede Gleichung in ihrer „Nähe" keine streng periodischen Lösungen haben wird. Sie ist auch physikalisch unrealistisch, da sie einem vollständig konservativen System ohne Energieverlust entspricht. Durch Hinzufügen eines Terms $-k\dot{x}$ auf der rechten Seite können wir auch Dämpfungsphänomene berücksichtigen (für mechanische Systeme entspricht dies einer Reibungskraft, die zur Geschwindigkeit proportional ist). Damit die Schwingungen in diesem Falle aber nicht zum Stillstand kommen, müssen wir eine Energiequelle oder einen „Antrieb" einbauen, den wir ebenfalls als periodische Kraft annehmen. Wir kommen damit zum allgemeinen linearen Oszillator

$$\ddot{x} + k\dot{x} + x = F \cos \Omega t, \quad k > 0.$$

Die Lösung dieser Gleichung lautet

$$x = (A \sin\alpha t + B \cos\alpha t)\, e^{-kt/2} + \frac{F \cos(\Omega t - \phi)}{\sqrt{(1 - \Omega)^2 + k^2 \Omega^2}}$$

mit

$$\alpha = \sqrt{1 - \frac{1}{4} k^2}, \quad \phi = \tan^{-1}\left(\frac{k}{1 - \Omega^2}\right);$$

A und B sind Konstanten.

Für große t wird der erste Term auf der rechten Seite klein und kann daher vernachlässigt werden. Die Amplitude der Schwingungen hängt nicht von der Anfangsamplitude ab, sondern von der Amplitude F und der Frequenz Ω der Antriebskraft. Für einen vorgegebenen Wert von F nimmt die Amplitude der Lösung ihr Maximum mit $\Omega^2 = 1 - \frac{1}{2} k^2$ an. Für kleine k kann diese Amplitude im Vergleich zu F sehr groß sein; Dies ist das wohlbekannte Resonanz-Phänomen.

Wenden wir uns nun dem einfachsten nichtlinearen Oszillator zu, nämlich der Duffing-Gleichung:

$$\ddot{x} + k\dot{x} + x + ax^3 = F \cos\Omega t, \quad k > 0.$$

Wir schreiben

$$\Omega = 1 + \omega$$

und nehmen k, a, ω als klein an. Der kubische Term beschreibt den nichtlinearen Teil der Rückstellkraft. Für $a > 0$ wächst diese Rückstellkraft stärker als linear mit der Verschiebung; wir beschreiben mit diesem Ansatz eine „harte Feder". Bei $a < 0$ sprechen wir von einer „weichen Feder". Einen x^2-Term haben wir nicht angeschrieben, weil die Federkraft eine ungerade Funktion der Verschiebung sein soll, damit die Bewegung um $x = 0$ symmetrisch ist.

Da a klein ist, erwarten wir eine Lösung der Duffing-Gleichung in der „Nähe" der Gleichung des linearen Oszillators. Wir setzen daher eine Lösung der Form

$$x = A \cos(\Omega t - \phi)$$

an. Dies wird nun in die Differentialgleichung eingesetzt, wobei wir Terme zweiter Ordnung und einen Term in $\cos 3\,\Omega\, t$ vernachlässigen. Durch Gleichsetzen der Koeffizienten von $\cos \Omega\, t$ und $\sin \Omega\, t$ auf beiden Seiten der Gleichung erhalten wir

$$\tan \phi = \frac{4\,k}{3\,aA^2 - 8\,\omega}$$

und

$$A^2 \left(\frac{3}{4}\,aA^2 - 2\,\omega \right)^2 = F^2 - k^2 A^2 .$$

Die zweite Gleichung ist in A^2 kubisch, wir erkennen daher eine Kuspe mit A^2 als Zustandsvariable und a sowie ω als Kontrollvariablen. Den Kuspen-Punkt erhalten wir, indem wir die Gleichung zweimal nach A^2 differenzieren und A^2 aus den beiden resultierenden Gleichungen eliminieren. Es ergibt sich

$$(a, \omega) = \pm \left(32\,k^3\,\frac{\sqrt{3}}{27F^2}, \ k\,\frac{\sqrt{3}}{2} \right);$$

Somit treten *zwei* Kuspen auf.

Die Situation ist in Bild 5-3 dargestellt. Für $a = 0$ erhalten wir den linearen Oszillator mit einem Maximum von A für $\omega = 0$. Dies ist der übliche Resonanzeffekt, für den die Frequenz der Antriebskraft mit der Eigenfrequenz des Systems übereinstimmt. Haben wir allerdings eine hinreichend harte Feder und beginnen wir mit einem von negativen Werten ansteigenden ω, so wird A langsam ein Maximum erreichen und wieder abnehmen, um dann aber plötzlich abzufallen. Gleichzeitig wird es auch zu einer Phasenänderung des Oszillators kommen. Wenn wir nun ω langsam senken, wird möglicherweise eine andere plötzliche Veränderung in der Amplitude und der Phase auftreten, allerdings an einem anderen Punkt. Einen ähnlichen Effekt kann man im Fall der genügend weichen Feder beobachten. Eine umfassende Darstellung wurde von Holmes und Rand (1976) gegeben, die auch mit Hilfe eines Analog-Computers einige Simulationen durchführten, um die Annahme eines fast harmonischen Verhaltens zu rechtfertigen.

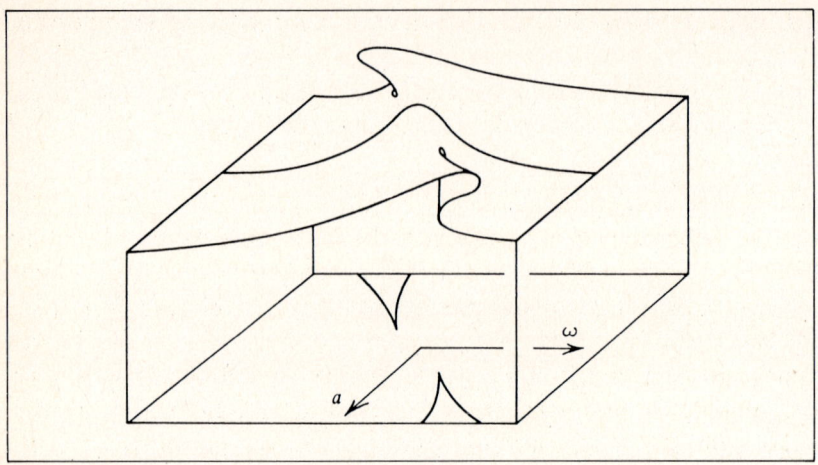

Bild 5-3 Die Duffing-Gleichung in Form eines Paares von Kuspen

In der Physik wird die Duffing-Gleichung in zahlreichen Fällen angewandt. Uns ging es hier allerdings hauptsächlich um einen zusätzlichen Nachweis, daß die Katastrophentheorie auch auf Systeme ohne Gradienten-Dynamik angewendet werden kann. Manchmal wird eine Größe, die wir direkt messen, von der Amplitude einer Schwingung abhängen. Sind die zugehörigen Gleichungen nichtlinear, dann kann diese Größe ein diskontinuierliches Verhalten an den Tag legen, das mit den elementaren Katastrophen übereinstimmt. In unserem konkreten Fall haben wir eine Kuspe — oder besser zwei Kuspen — erhalten. Wie leicht gezeigt werden kann, ergeben sich Kuspen höherer Ordnung, wenn weitere ungerade Potenzen von x zur Rückstellkraft hinzugefügt werden.

Nicht alle Oszillatoren mit Katastrophenverhalten entsprechen dem Muster der Elementarkatastrophen. Wenn wir also Systeme mit Oszillatoren untersuchen, können sowohl Elementarkatastrophen als auch solche Bifurkationen auftreten, die auf unserer Liste nicht auftreten. Wir können nicht erwarten, hier ähnliche Resultate wie im vorigen Kapitel für die natürlichen Kaustiken zu erhalten, sofern nicht weitere Informationen über die Oszillatoren vorliegen.

Als Beispiel für einen Oszillator, der in anderer Weise aufspaltet, kann die van-der-Pol-Gleichung angegeben werden:

$$\ddot{x} + k(x^2 - b)\dot{x} + x = 0, \quad k > 0.$$

Es läßt sich leicht zeigen, wie sich die Lösungen dieser Gleichung verhalten: Für $b < 0$ ist der Koeffizient von $\dot{x}$ (der Dämpfung) positiv, und der Ursprung ist ein stabiler Gleichgewichtspunkt. Für $b > 0$ ist die Situation allerdings komplizierter: Für kleine Werte von x ist die Dämpfung nun negativ, so daß der Ursprung zu einem instabilen Gleichgewichtspunkt wird und die Amplitude der Schwingungen anzuwachsen beginnt. Sie steigt allerdings nicht ins Unendliche, wie dies bei einem linearen Oszillator mit negativer Dämpfung der Fall wäre. Für $x^2 > b$ wird die Dämpfung wieder positiv. Tatsächlich wird unabhängig von der Anfangsamplitude das System möglicherweise einem stabilen Grenzzykel (Kapitel 1) zustreben.

Wir können dies leichter veranschaulichen, wenn wir $y = \dot{x}$ als neue Variable einführen und die Van-der-Pol-Gleichung in zwei Gleichungen erster Ordnung zerlegen:

$$\dot{x} = y$$
$$\dot{y} = -k(x^2 - b)y - x.$$

Bild 5-4 besteht aus drei Phasenebenen-Diagrammen des Systems für verschiedene Werte von b und k. Ist b negativ, dann spiralen die Trajektorien zum Ursprung hin, ist b positiv, dann streben sie dem Grenzzykel zu. Für positive b und großes k hat der Grenzzykel die charakteristische Gestalt von Bild 5-4c, und die Form von x erinnert an eine Rechteckwelle.

Obwohl die Grenzzyklen in vielen Gebieten außerordentlich wichtig sind, werden sie ein Einführungsbüchern selten erwähnt, weil sie bei linearen Gleichungen nicht auftreten. Das Verhalten erinnert bei oberflächlicher Betrachtung an die Lösungen des ungedämpften linearen Oszillators, denn sie sind periodisch –

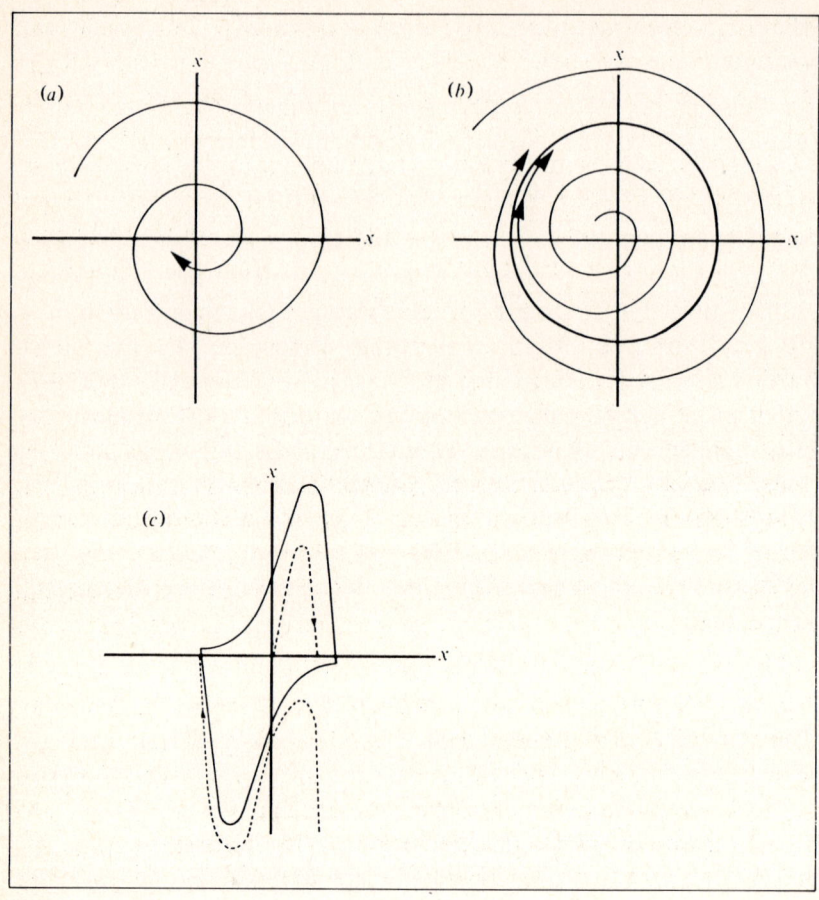

Bild 5-4 Phasenebenen für die Van-der-Pol-Gleichung, (a) für $b < 0$, (b) für $b > 0$, kleines k und (c) für $b > 0$, großes k

aber es gibt eine Anzahl signifikanter Unterschiede. Sie treten typischerweise als Lösungen strukturell stabiler Differentialgleichungen auf und wir müßten ihnen daher in der Natur begegnen. Die Amplitude der Schwingungen hängt nicht von den Anfangsbedingungen, sondern von den Gleichungen selbst ab, also von der Struktur des oszillierenden Systems. Anders ausgedrückt: Die Lösungen sind stabil; das System wird nach einer Störung zum Grenzzykel zurückkehren, wohingegen sich ein harmonischer Oszillator auf jener neuen Bahn weiterbewegen wird, auf die er durch die Störung gebracht wurde. So kann ein Grenzzykel als natürliche Verallgemeinerung eines Gleichgewichtspunktes betrachtet werden. Diesmal ist ein ganzer Verhaltenszyklus stabil und nicht eine gewisse Menge von Einzelwerten der Variablen. Wahrscheinlich werden zahlreiche biologische Phänomene durch Grenzzyklen bestimmt.

In allen bisherigen Beispielen entstand aus einem stabilen Gleichgewichtspunkt durch die Aufspaltung ein instabiler Gleichgewichtspunkt, zu dessen beiden Seiten je ein stabiler Gleichgewichtspunkt liegt. Die Van-der-Pol-Gleichung zeigt demgegenüber eine *Hopf-Bifurkation*, in der der instabile Gleichgewichtspunkt von einem stabilen Grenzzykel umgeben ist. Die bisher vorgestellten Ideen treffen nicht unbedingt auf diese Art von Verhalten zu; wie tatsächlich gezeigt werden kann, gibt es hier keine stabil spaltende Ljapunow-Funktion, und die elementare Katastrophentheorie kann nicht unmittelbar angewandt werden.

Ist die Dämpfung groß, so erwarten wir aber tatsächlich einen Zusammenhang zwischen dem Van-der-Pol-Oszillator und der Katastrophentheorie. Wir können dies am leichtesten durch die Einführung einer neuen Phasenebene zeigen; die Probleme entstehen, weil $\dot{x}$ nicht länger eine geeignete Variable ist (es kann sehr groß werden, siehe Bild 5-4c). Es ist daher besser, $z = \int x$ einzuführen.

Es seien x_0 und $\dot{x}_0$ die Anfangswerte von x und $\dot{x}$. Ferner sei

$$z(t) = z_0 - \frac{1}{K} \int\limits_0^t x(\tau)\, d\tau$$

mit

$$z_0 = \frac{1}{3} x_0^3 - b x_0 - \frac{\dot{x}_0}{K}.$$

Wir bezeichnen die Dämpfungskonstante hier mit dem Großbuchstaben K; wir wollen damit symbolisieren, daß sie jetzt als groß angenommen wird. Es ergibt sich

$$\dot{z} = -\frac{x}{K}.$$

Setzen wir dies wieder in die ursprüngliche Gleichung

$$\ddot{x} + K(x^2 \dot{x} - b\dot{x} - \dot{z}) = 0$$

ein und integrieren, so folgt als neue Form der Van-der-Pol-Gleichung

$$\dot{x} = -K\left(\frac{1}{3}x^3 - bx - z\right) \qquad \text{,,rasche Gleichung''}$$

$$\dot{z} = -\frac{x}{K} \qquad\qquad\qquad \text{,,langsame Gleichung''}$$

Die Bezeichnung ,,rasche'' und ,,langsame'' Gleichung wurde gewählt, weil für großes K sich x viel schneller ändert als z. Dementsprechend können wir daher z als Parameter zur Bestimmung des Verhaltens von x betrachten. Die Gleichgewichtsstellen für x sind durch die Gleichung

$$\frac{1}{3}x^3 - bx - z = 0$$

gegeben. Da wir z als Parameter behandeln, ergibt sich eine Kuspe (Bild 5-5).

Wir interpretieren Bild 5-5 in der folgenden Weise: Außerhalb der Fläche garantiert die ,,rasche Gleichung'', daß die Trajektorien fast parallel zur x-Achse verlaufen. Der Phasenpunkt wird sich daher beinahe direkt auf die Fläche hinbewegen. Dadurch verschwindet $\dot{x}$, so daß das System dann völlig von der ,,langsamen Gleichung'' dominiert wird. Ist b positiv und konstant, so bewegt sich das System autonom auf einer geschlossenen Bahn (wie eingezeichnet) und zeigt die charakteristischen plötzlichen Sprünge und die zugehörige Hysterese.

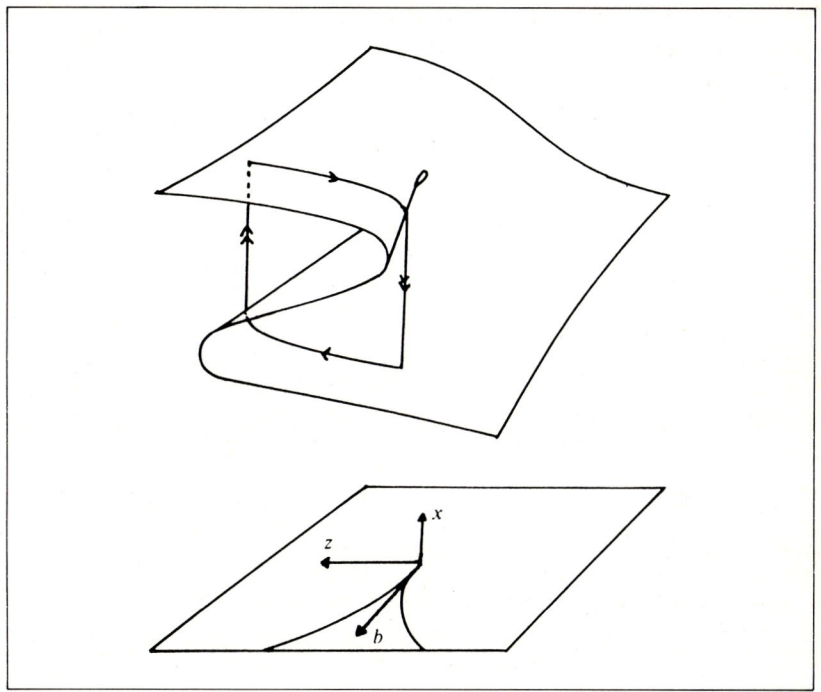

Bild 5-5 Die Van-der-Pol-Gleichung als Kuspe

So kann ein nicht-linearer Oszillator, der sich nicht nach den Gesetzen der elementaren Katastrophentheorie aufspaltet, unter gewissen Bedingungen doch als Elementarkatastrophe mit einer zusätzlichen Struktur, in diesem Fall einer Rückkopplung, dargestellt werden (Zeeman, 1972b).

Das Verfahren, ein System von Differentialgleichungen in Untersysteme mit verschiedenen Zeitskalen zu zerlegen, wird auch in vielen anderen Fällen angewandt (siehe Goodwin, 1963; Haken, 1977). Man bezeichnet diese Methode gelegentlich als „adiabatische Elimination". Aus übergeordneter Sicht ist bedeutsam, daß die hier zur Anwendung der Katastrophentheorie durchgeführte Näherung gelegentlich auch dann notwendig sind, wenn andere Methoden angewandt werden sollen.

Der Kollaps elastischer Strukturen

Beim Studium von Instabilitäten elastischer Strukturen stoßen wir natürlich auf die Katastrophentheorie, weil es dabei zumeist um das Verschwinden des lokalen Minimums eines Potentials geht. Da man im allgemeinen die potentielle Energie des Systems anschreiben kann, ließen sich diese Probleme auch schon vor der Entwicklung der Katastrophentheorie behandeln; die ersten Resultate stammen von Euler und wurden im Jahr 1744 publiziert. Die neueren Arbeiten von Autoren wie Thompson und Hunt (1973), die dabei unabhängig auf einige der Elementarkatastrophen stießen, gehen von einer klassischen Betrachtungsweise aus. In diesem Kapitel werden wir Resultate, die ursprünglich ohne Katastrophentheorie hergeleitet wurden, als Illustrationen für die Anwendung dieser Theorie verwenden.

Wir beginnen mit dem einfachsten Beispiel, der Eulerschen Strebe (Bild 5-6). Sie besteht aus zwei leichten festen Stäben mit Einheitslänge, die jeweils an ihrem freien Ende unterstützt sind. Die anderen Enden sind durch ein Gelenk verbunden, wobei eine Feder mit dem Elastizitätsmodul μ danach strebt, den Winkel

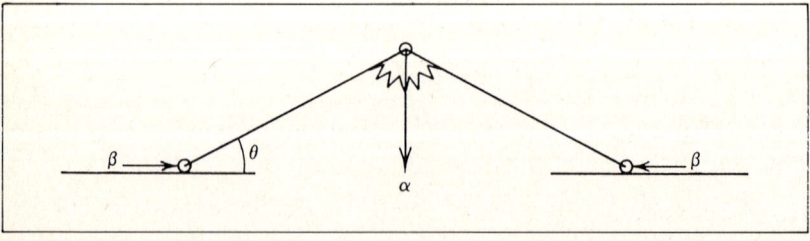

Bild 5-6 Die Eulersche Strebe

zwischen den beiden Stäben auf π zu bringen. Ein Gewicht α hängt an dem Gelenk, auf jedes der freien Enden wirkt eine nach innen gerichtete horizontale Kraft.

Es sei θ der Winkel, den jeder der beiden Stäbe mit der Horinzontale einschließt. Dann ist der Winkel zwischen den beiden Stäben gleich $\pi - 2\,\theta$, und wir erhalten für die Federenergie $\frac{1}{2}\,\mu\,(2\,\theta)^2$. Die Energie der Last — die Stäbe haben ja die Länge 1 — ist gleich $\alpha \sin\theta$, die von den horizontalen, die Strebe aufrichtenden Kräften ist durch $2\,\beta\,(1 - \cos\theta)$ gegeben. Wir erhalten damit für die Gesamtenergie des Systems

$$V(\theta) = 2\,\mu\theta^2 + \alpha \sin\theta - 2\,\beta\,(1 - \cos\theta).$$

Dann lauten die ersten beiden Ableitungen

$$V'(\theta) = 4\,\mu\theta + \alpha \cos\theta - 2\,\beta \sin\theta\,,$$
$$V''(\theta) = 4\,\mu \ \ - \alpha\sin\theta - 2\beta\cos\theta.$$

Nehmen wir zunächst $\alpha = 0$ (keine Last) an. Die Gleichgewichtsbedingung lautet dann

$$\beta \sin\theta = 2\,\mu\theta\,.$$

Für $\beta < 2\,\mu$ hat diese Gleichung nur eine Lösung, nämlich $\theta = 0$ und das zugehörige Gleichgewicht ist stabil. Für $\beta > 2\,\mu$ ist das Gleichgewicht mit positivem und eine mit negativem θ —, die sich als stabile Gleichgewichtspositionen ergeben.

Diese Situation ist uns aus unserem Studium der Katastrophen-Maschinen vertraut. Wie sich in diesem Fall ergibt, werden die Stäbe zunächst in einer geraden Linie bleiben, sofern wir von einer kleinen horizontalen Kraft ausgehen und diese dann erhöhen; erst wenn β größer als $2\,\mu$ ist, wird sich die Strebe aufstellen. Dieses Verhalten ist typisch für viele reale Strukturen: Sie können häufig einer beträchtlichen Spannung ausgesetzt sein (in diesem Fall einem Druck), ohne daß sich irgendeine erkennbare Reaktion einstellt.

Angenommen, die Strebe sei bereits aufgerichtet und die Last α werde angebracht. Wir können die Ausdrücke dann nicht länger in geschlossener Form behandeln und entwickeln V daher in eine Reihe:

$$V(\theta) \sim \alpha\theta - (\beta - 2\mu)\theta^2 - \frac{1}{6}\alpha\theta^3 + \frac{1}{12}\beta\theta^4$$

Nun sind wir an kleinen Werten von α interessiert, wobei zusätzlich β in der Nähe von 2μ liegen soll. Daher wird sich der Term vierter Ordnung als erster von Null entfernen. Wie wir erkennen, ist V das zur Kuspe gehörige Potential, das wir durch die Einführung einer neuen Variablen

$$x = \theta - \frac{\alpha}{2\beta}$$

in die kanonische Form bringen können. Wir berücksichtigen nur Terme bis zur ersten Ordnung in α und $2\mu - \beta$. Mit Hilfe von $\beta \sim 2\mu$ erhalten wir

$$V(x) \sim \frac{1}{6}\mu x^4 - (\beta - 2\mu)x^2 + \alpha x \ .$$

Die Bifurkationsmenge ergibt sich, wenn wir x aus den Gleichungen $V' = V'' = 0$ eliminieren. Wir können daher vorhersagen, daß sich der Bogen schrittweise senken wird, wenn wir die Last erhöhen. Bei der kritischen Last

$$\alpha_{\mathrm{krit}} = \frac{10}{3\sqrt{\mu}}(\beta - 2\mu)^{3/2}$$

wird er jedoch plötzlich in eine durchhängende Konfiguration übergehen.

Dieses Verhalten kann bei realen Strukturen häufig beobachtet werden, obwohl die Überlastung einer Brücke im allgemeinen den Einsturz zur Folge hat. Wie wir an dieser Feststellung erkennen, muß die Gleichgewichtsanalyse — in der klassischen wie in der Katastrophentheorie — sorgfältig durchgeführt werden. Sobald die Strebe „umzuschnappen" beginnt, ist er nicht länger in der Nähe des Gleichgewichts, und wir können daher nicht annehmen, daß unsere weiteren Vorhersagen zutreffen. Glücklicherweise

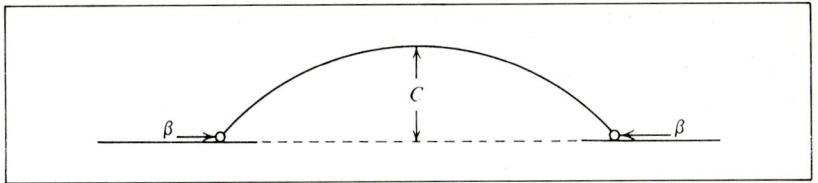

Bild 5-7 Der Eulersche Bogen

behindert uns dies nur selten, denn wir wollen in erster Linie wissen, ob und wann das Gleichgewicht instabil wird — was dann weiter passiert, ist im allgemeinen ziemlich offensichtlich.

Betrachten wir nun eine etwas realistischere Version des gleichen Problems, nämlich den Eulerschen Bogen (Eulerschen Balken Bild 5-7).

Die Anordnung entspricht etwa der vorigen, nur werden die beiden mit einer Feder verbundenen Stäbe durch einen einzigen elastischen Stab der Länge π (aus Gründen der Einfachheit gewählt) ersetzt. μ sei der Elastizitätsmodul pro Einheitslänge.

Es sei s die entlang des Balkens gemessene Länge und $f(s)$ die vertikale Verschiebung des Punktes s. f und alle Ableitungen davon nehmen wir als klein an. Die Krümmung der Strebe ist, unter Vernachlässigung von Termen vierter Ordnung, durch

$$\frac{f''}{[1 + (f')^2]^{3/2}} \sim f''$$

gegeben. Daher erhalten wir für die elastische potentielle Energie des Balkens

$$\frac{1}{2} \mu \int_0^\pi (f'')^2 \, ds.$$

Der Abstand zwischen den beiden Enden des Balkens beträgt

$$\int_0^\pi [1 + (f')^2]^{-1/2} \, ds \sim \pi - \frac{1}{2} \int_0^\pi (f')^2 \, ds,$$

und wir erhalten daher die durch die Druckkräfte „verlorene" Energie

$$\frac{1}{2} \beta \int_0^\pi (f')^2 \, ds.$$

Für die Gesamtenergie des Systems folgt

$$V = \int_0^\pi F \, ds$$

mit

$$F \sim \frac{1}{2} [\mu (f'')^2 - \beta (f')^2].$$

Wir wollen nun jene Konfiguration des Balkens (also diejenige Funktion f) finden, die zu einem Minimum der Gesamtenergie gehört. Da die Endpunkte festgehalten werden, handelt es sich dabei um ein einfaches Problem der Variationsrechnung. Die Gleichgewichtsbedingung ist durch die Euler-Lagrange-Gleichung

$$\left(\frac{\partial F}{\partial f''} \right)'' - \left(\frac{\partial F}{\partial f'} \right)' = 0$$

gegeben. (Eine vollständige Herleitung findet sich bei Thompson und Hunt, 1973.) f ist daher eine Lösung von

$$\mu f^{(4)} + \beta f'' = 0$$

mit den Randbedingungen

$$f(0) = f(\pi) = 0, \quad f''(0) = f''(\pi) = 0.$$

Die beiden letzten Bedingungen bedeuten, daß der Balken an seinen Enden nicht gekrümmt ist. Für f erhalten wir dann

$$f(s) = C \sin \left(s \sqrt{\frac{\beta}{\mu}} \right),$$

wobei C eine Konstante ist und $\sqrt{\beta/\mu}$ eine ganze Zahl sein muß. Insbesondere ergibt sich für $\beta < \mu$ als einzige Lösung $f(s) = 0$. Auch in diesem Fall erhalten wir also unterhalb eines bestimmten Wertes der Druckkraft keine Krümmung.

Wie wir auch zeigen könnten, kann ein nach oben gebogener Balken unter dem Einfluß einer zusätzlichen Last nach unten „umschnappen". Die Rechnungen bringen aber für uns nichts wesentliches, und wir wollen daher ein leicht abweichendes Problem, nämlich den „befestigten Eulerschen Balken" behandeln.

Nehmen wir einen Eulerschen Balken an, dessen Enden soweit zusammengedrückt wurden, daß er sich aufgewölbt hat. Wir befestigen die Enden dann in diesem Zustand, wie dies auch bei einer realen Brücke der Fall wäre. Nun wird eine vertikale Last α angebracht, die aber dieses Mal um eine kleine Distanz ϵ aus dem Mittelpunkt herausgerückt ist. Wir nennen ϵ den Fehler, weil diese Größe jenen unvermeidlichen Herstellungsmangel mißt, durch den ein leicht asymmetrisches System entsteht. Die Randbedingungen für f sind unverändert, und wir können daher ohne Verlust der Allgemeinheit f als Fouriersche Sinusreihe

$$f(s) = \sum C_n \sin ns$$

anschreiben. Unsere frühere Lösung findet sich als erste Harmonische in diesem Ausdruck. Wie wir annehmen (dies kann tatsächlich bewiesen werden), führt die asymmetrische Ladung zum Auftreten der zweiten Harmonischen. Wir schreiben (siehe Bild 5-8)

$$f(s) = x \sin s + y \sin 2s.$$

Auf den ersten Blick scheint der Zustand des Systems durch zwei Variable beschrieben zu werden. Wir könnten daher eine Umbilik-

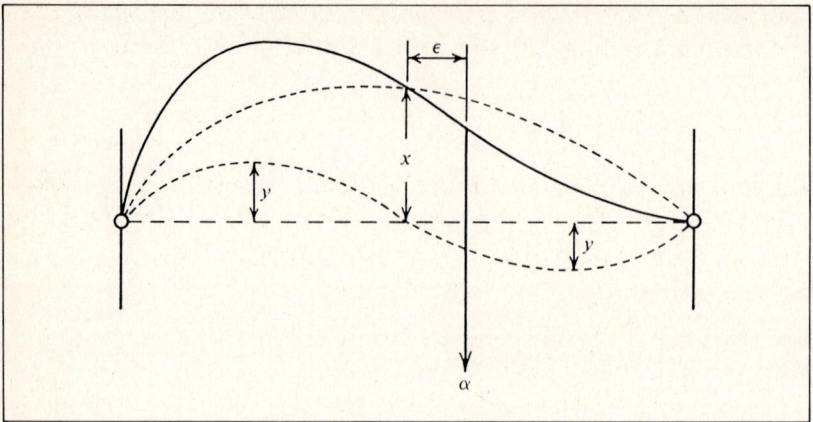

Bild 5-8 Der Eulersche Balken mit einer asymmetrischen Last α

Katastrophe erwarten. Dies ist jedoch nicht der Fall. Die Distanz zwischen den Enden des Balkens ist durch

$$d = \int_0^\pi \sqrt{1 - (f')^2}\, ds$$

gegeben. Da diese Enden festgehalten werden, ist auch d vorgegeben. Dadurch erhalten wir einen Zusammenhang zwischen x und y, der zwar nicht in geschlossener Form angegeben, aber für kleine x sowie für y von der Ordnung x^2 bis zu Termen der Ordnung x^6 entwickelt werden kann (Zeeman, 1976c):

$$d \sim \frac{1}{4}\pi\left(4 - x^2 - 4y^2 - \frac{3}{16}x^4 - 3x^2y^2 - \frac{5}{64}x^6\right).$$

Weiter erhalten wir

$$x^2 + 4y^2 + \frac{3}{16}x^4 + 3x^2y^2 + \frac{5}{64}x^6 = r^2 + \frac{3}{16}r^4 + \frac{5}{64}r^6,$$

wobei r der Wert von x für $y = 0$ ist. Wie leicht gezeigt werden kann, ist diese Gleichung bis zur Ordnung x^6 erfüllt durch

$$x = r - \frac{2y^2}{r} - \frac{3\,ry^2}{4} - \frac{2\,y^4}{r^3} \, .$$

Wir können nun die Energie des Systems als Funktion nur von y darstellen. Der Einfachheit halber wählen wir die Einheiten mit $\pi\mu = 1$. Für die Energie des Balkens erhalten wir dann

$$V_1 = \frac{1}{2\pi} \int_0^\pi \frac{(f'')^2}{[1 + (f')^2]^3} \, ds$$

$$\sim \text{const.} + \left(3 + \frac{13}{8}r^2\right)y^2 \, ,$$

während die Energie der Last — wir berücksichtigen ebenfalls Terme bis zur Ordnung x^6 und vernachlässigen alle Terme der Ordnung ϵ^2 — durch den Ausdruck

$$V_2 = \alpha f\left(\frac{1}{2}\pi + \epsilon\right)$$

$$\sim \alpha\,(x - 2\,\epsilon y)$$

gegeben ist. Die Gesamtenergie beträgt daher

$$V = V_1 + V_2$$

$$\sim \text{const} - 2\,\alpha\,\epsilon y + \left[\left(3 + \frac{13}{8}r^2\right) - \alpha\left(\frac{2}{r} + \frac{3\,r}{4}\right)\right]y^2 - \frac{2\,\alpha y^4}{r^3} \, .$$

Die Kuspe befindet sich bei $\epsilon = 0$, $\alpha = \alpha_0$ mit

$$\alpha_0 = \frac{3 + \frac{13}{8}r^2}{\frac{2}{r} + \frac{3\,r}{4}}$$

$$\sim \frac{3}{2}r - \frac{1}{4}r^3 \, .$$

Setzen wir $\alpha = \alpha_0 + \alpha$, so können wir schreiben

$$V \sim -\frac{3}{r^2}\, y^4 - 3\, r\epsilon y - \frac{2}{r}\, a y^2 \, .$$

Da der Koeffizient von y^4 negativ ist, ergibt sich eine *duale* Kuspe, deren stabile Gleichgewichtspunkte ausschließlich auf der mittleren Schicht liegen. Erhöhen wir die Last α, so kann das Gleichgewicht daher instabil werden. Was nachher geschieht, können wir aus unseren Überlegungen nicht herleiten, obwohl Zeeman (1976c) ein globales Modell entwickelt hat, mit dessen Hilfe er zeigen konnte, daß der Balken nach unten in eine asymmetrische Konfiguration „umschnappen" wird. Für viele reale Strukturen ist diese weitergehende Analyse nur von akademischem Interesse, denn bei ihnen wird es zu einem totalen Kollaps kommen.

Wie wir feststellen können, ergibt sich für eine vorgegebene Härte des Materials (gemessen durch den Modul μ), daß die perfekte (symmetrische) Struktur geeignet ist, die größte Last zu tragen. Dies ist kaum überraschend; wir hätten jedoch nicht erwartet, wie rasch die Belastbarkeit in Abhängigkeit vom Fehler (der Abweichung von der perfekt symmetrischen Struktur) abnimmt (Bild 5-9). Berechnungen auf der Basis eines perfekt symmetrischen Modells werden also die Wiederstandsfähigkeit jeder realen Struktur um einen signifikanten Betrag überschätzen. Bauingenieure haben sich daher für diese Probleme ganz besonders interessiert.

Als zweites Beispiel für die Verbiegung einer elastischen Struktur betrachten wir das Augusti-Modell. Dieses System ist weniger bekannt als der Bogen, gestattet jedoch Einblicke in die Möglichkeiten, die die Katastrophentheorie bei der Behandlung dieser Probleme bietet.

Wir beginnen mit dem in Bild 5-10 dargestellten System. Es besteht aus einem leichten, geraden festen Stab mit Einheitslänge, an dessen Spitze die variable Masse m angebracht ist. Der Stab ist an einer festen Grundlage befestigt und wird von einer linearen Spiralfeder mit dem Modul μ gestützt. Es sei θ der Winkel zwischen dem Stab und der Vertikalen. Wäre die Konstruktion des Systems

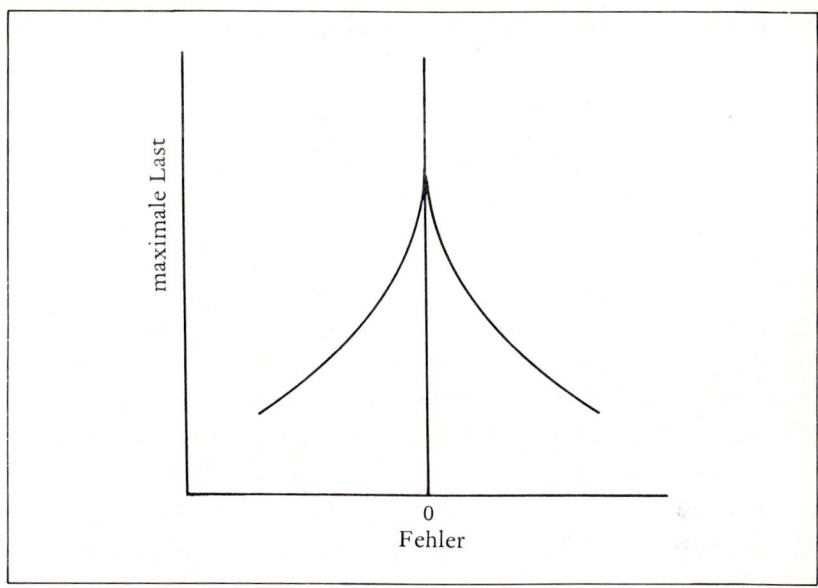

Bild 5-9 Fehlerempfindlichkeit des Eulerschen Balkens

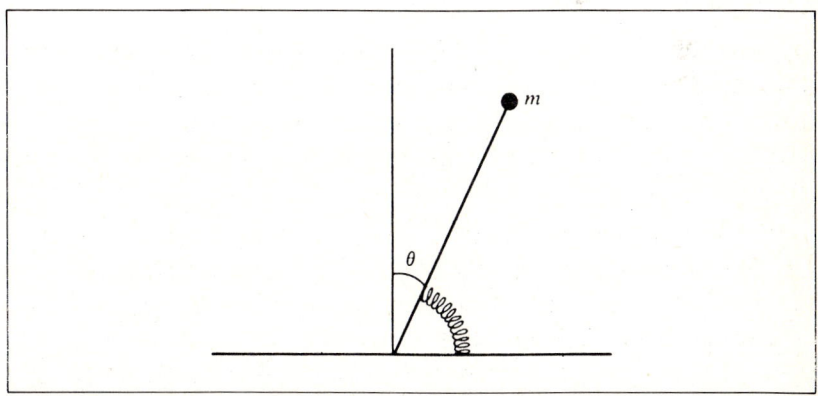

Bild 5-10 Das Augusti-Modell

perfekt, so sollte die Feder ohne jede Spannung sein, wenn sich der Stab exakt in der Vertikalen befindet. Wir führen nun einen Fehler, eine kleine Abweichung von diesem perfekten Zustand ein und nehmen an, daß die Feder für einen kleinen Winkel $\theta = \theta_0$ spannungsfrei ist.

Für nicht zu große θ ist die Energie der Feder $\frac{1}{2} \mu (\theta - \theta_0)^2$. Die Höhe der Punktmasse über der Basis ist durch $\cos\theta$ gegeben. Ordnen wir den Nullpunkt der potentiellen Energie der vertikalen Position des Stabes zu, so folgt

$$V(\theta) = \frac{1}{2} \mu (\theta - \theta_0)^2 + mg \cos\theta - \frac{1}{2} \mu \theta_0^2 - mg.$$

Wir entwickeln V nun in eine Reihe bis zum ersten Term, der von Null abweicht, und erhalten

$$V \sim \frac{1}{24} mg \theta^4 + \frac{1}{2} (\mu - mg) \theta^2 - \mu \theta_0 \theta.$$

Dies ist offensichtlich das Potential einer Riemann-Hugoniot-Katastrophe (Kuspe) mit $\mu - mg$ und θ_0 als Kontrollvariablen. Die Situation ist allerdings nicht die gleiche wie für den Eulerschen Bogen, weil wir die Kontrollvariablen nicht beliebig verändern können. Zunächst müssen wir θ_0 bestimmen und festhalten, nur m darf variieren. Wir brauchen daher nicht das volle dreidimensionale Bild, um das Verhalten des Systems zu veranschaulichen; es genügt, mit der Projektion auf die (m, θ)-Ebene zu arbeiten, wobei wir θ_0 als einen Parameter betrachten, der uns die geeignete Kurve angibt.

Bild 5-11 zeigt uns die Gleichgewichtswege für das System. Wie wir sehen, bleibt das perfekte System bis $m = \mu/g$ in der Vertikalen und neigt sich dann zur einen oder anderen Seite. Das imperfekte System verstärkt seine ursprüngliche Neigung, sobald irgendeine Last einwirkt. Die Veränderungsrate ist dabei zunächst klein und wird dann größer. Das System bleibt allerdings stets labil; eine kleine Erhöhung in der Last erzeugt höchstens eine kleine Änderung in der Neigung. Aus diesem Grund verwendeten Thompson und Hunt (1973) den Begriff „stabiler symmetrischer Bifurka-

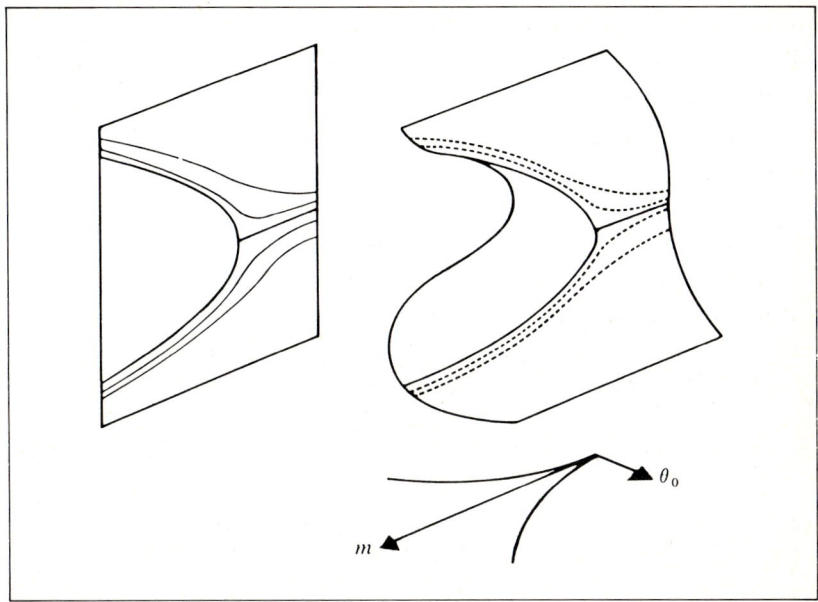

Bild 5-11 Gleichgewichtswege für das einfache Augusti-Modell. Dargestellt ist der Zusammenhang zwischen der in der Katastrophentheorie üblicherweise verwendeten Kuspen-Fläche und ihrer in der Theorie der Bifurkation auftretenden Projektion.

tionspunkt" zur Beschreibung des mit dem Namen „Kuspe" bezeichneten Verhaltens.

Die Situation wird interessanter, wenn wir an der Basis des Stabes ein Universalgelenk anbringen. Der Stab muß nun von zwei Spiralfedern gehalten werden. Wir befestigen die zweite Feder im rechten Winkel zur ersten. Die Moduln der Federn seien μ und v, während θ und ϕ die Differenzen zwischen den von den Federn aufgespannten Winkeln zur Senkrechten angeben. Wie vorhin führen wir Fehler dadurch ein, daß wir die Federn für die Winkel $\theta = \theta_0$

und $\phi = \phi_0$ als ungespannt voraussetzen. Die potentielle Energie des Systems lautet

$$V = \frac{1}{2}\mu(\theta - \theta_0)^2 + \frac{1}{2}\nu(\phi - \phi_0)^2$$
$$+ mg\sqrt{1 - \sin^2\theta - \sin^2\phi}$$
$$- \frac{1}{2}\mu\theta_0^2 - \frac{1}{2}\nu\phi_0^2 - mg$$

oder bis zur gleichen Ordnung wie vorhin in eine Reihe entwickelt:

$$V \sim \frac{1}{24}mg\theta^4 + \frac{1}{2}(\mu - mg)\theta^2 - \mu\theta_0\theta$$
$$+ \frac{1}{24}mg\phi^4 + \frac{1}{2}(\nu - mg)\phi^2 - \nu\phi_0\phi - \frac{1}{4}mg\theta^2\phi^2 .$$

Betrachten wir zunächst das perfekte System mit $\theta_0 = \phi_0 = 0$ und setzen $\mu < \nu$ voraus. Wenn m sich erhöht, geschieht nichts bis $mg = \mu$. Dort verschwindet der Koeffizient von θ^2. Der Koeffizient von ϕ^2 ist noch immer positiv, so daß wir ϕ auf Grund des Spaltungslemmas vernachlässigen können. Das System verhält sich genauso wie vorhin. Der Stab neigt lediglich nach der einen oder anderen Seite in der θ-Richtung.

Die Motivation für dieses Beispiel liegt allerdings in der Konstruktionstechnik und wir sollten daher auch eine andere Überlegung in Betracht ziehen. Federn kosten Geld, und je stärker sie sind, desto mehr werden sie wahrscheinlich kosten. Wenn ein Ingenieur unser System untersucht, wird er wahrscheinlich feststellen, daß es Verschwendung sei, die zweite Feder so stark zu machen. Da sich die Struktur für $m = \hat{m} = \mu/g$ auf jeden Fall neigt, erhebt sich die Frage, wozu $\nu > \hat{m}g$ nötig ist. Am wirtschaftlichsten wäre es, wenn die Federn gleich stark sind.

Unglücklicherweise gibt es aber hier einen Haken. Bisher konnten wir uns auf die Untersuchung von θ beschränken und ϕ vollständig vernachlässigen. Und ginge es nicht um die Katastrophentheorie, könnten wir annehmen, daß im Fall $\mu = \nu$ keine besonderen Probleme entstehen, weil der Stab dann beginnen würde, sich stabil gleichzeitig in beide Richtungen zu neigen. Wie wir jedoch nun feststellen werden, ist dies nicht notwendigerweise der Fall. Da die quadratischen Ausdrücke in θ und ϕ identisch verschwinden, haben wir eine Katastrophe vom Korang 2. Wie wir wissen, ist das etwas anderes, als zwei gemeinsam auftretende Katastrophen vom Korang 1. Tatsächlich kommen wir zur *Doppelkuspe,* die uns im Kapitel 3 begegnet ist, die wir aber dort nicht im Detail untersucht haben. Wir werden auch hier keine volle Analyse dieser Situation geben, sondern mit Hilfe relativ einfacher Rechnungen zeigen, wie sehr sich die Dinge unterscheiden.

Wir setzen $\phi = 0$ oder $\theta = 0$. Wie sich zeigt, ist die Katastrophe in der θ-Richtung oder der ϕ-Richtung nach wie vor eine Spitze. Das System wird daher auf eine Störung in einer dieser beiden Richtungen genauso wie vorher reagieren, nämlich mit einer stabilen Neigung. Definieren wir andererseits durch

$$\theta = x + y, \quad \phi = x - y$$

die neuen Koordinaten $x, y,$ so nimmt das Potential des perfekten Systems (nach einigen Umformungen) folgende Form an:

$$V(x, y) \sim -\frac{1}{6} mg (x^4 + y^4) + mgx^2y^2 + (\mu - mg)(x^2 + y^2)$$

Die Katastrophe ist entweder in der x-Richtung oder in der y-Richtung eine *duale* Spitze. In der Terminologie von Thompson und Hunt ergibt sich ein instabiler symmetrischer Bifurkationspunkt. Ist die kritische Belastung erreicht, wird das System sich daher nicht nur neigen, sondern vollständig zusammenbrechen.

Dieses Resultat mag erstaunlich scheinen; unsere erste Analyse war offensichtlich zu oberflächlich. Für das perfekte System ergibt sich

$$\frac{\partial V}{\partial \theta} = \frac{1}{6} mg\theta^3 + (\mu - mg)\theta - \frac{1}{2} mg\theta\phi^2.$$

Demzufolge ($\phi = 0$) ergibt sich für die Beziehung zwischen der Neigung θ und der Last m

$$\theta^2 = 6 \left(1 - \frac{\mu}{mg}\right),$$

sobald das Gleichgewicht bei $\theta = 0$ unstabil wird. Der Koeffizient von ϕ^2 ergibt sich daher als

$$\frac{1}{2}\nu - \frac{1}{2}mg - \frac{3}{2}(mg - \mu).$$

Verschwindet dieser Term, ist also

$$m = \frac{3\mu + \nu}{4g},$$

so erhalten wir eine zweite Bifurkation. Wie gezeigt werden kann, versagt das System an diesem Punkt, obgleich die Instabilität weniger offensichtlich ist als im Fall $\mu = \nu$.

An der Instabilität der Bifurkation im optimierten System ist nichts Geheimnisvolles. Tatsächlich fiel eben die instabile zweite Bifurkation mit der sonst stabilen ersten Bifurkation zusammen. Es ist keineswegs offensichtlich, daß das ein Nachteil ist. Nehmen wir zum Beispiel an, wir könnten die Stützkraft auf die beiden Federn nach dem Gesetz

$$\mu + \nu = C$$

(C ist eine Konstante) verteilen. Wir schreiben

$$\mu = \gamma C, \qquad \nu = (1 - \gamma)\, C.$$

Als kritische Last, bei der das System versagt, erhalten wir

$$\hat{m} = \frac{(1 + 2\gamma)\, C}{4g}.$$

Mit $\mu \leqslant \nu$ oder $\gamma \leqslant \frac{1}{2}$ ergibt sich für den maximalen Wert von $\hat{m}$ dann $\gamma = \frac{1}{2}$.

Ist daher das System perfekt, so ist die beste Anordnung gleichzeitig die mit $\mu = \nu$ optimierte, ob wir nun von einer Last ausgehen, die das System ohne Verbiegung aushalten kann, oder ob wir eine Last ansetzen, die zu seinem Versagen führt. Der einzige Nachteil besteht darin, daß das optimierte System ohne Vorwarnung versagen wird, während das nicht-optimierte System zunächst eine stabile Neigung zeigen wird. Der offensichtliche Haken liegt nun im folgenden Umstand: Einerseits können wir kein perfektes System konstruieren, und andererseits ist die Fehlerempfindlichkeit des optimierten Systems wesentlich größer als jene aller anderen. Wie wir feststellen konnten, liegt der tatsächliche Gewinn an Belastungskapazität wesentlich niedriger, als dies die Analyse des perfekten Systems erwarten ließe. So ist es fraglich, ob die Gefahr des plötzlichen Kollapses durch den Vorteil einer etwas höheren Belastungsfähigkeit kompensiert wird.

Thompson und Hunt (1973) haben eine Anzahl ähnlicher Beispiele genannt. Wie sie betonen, haben hoch-optimierte Systeme häufig eine Menge unerwünschter Eigenschaften. Sie sind zunächst alle sehr empfindlich gegen kleine Fehler. Zum zweiten kann es sehr kompliziert werden, wenn man ihr Verhalten unter verschiedenen Umständen vorhersagen muß, weil sie zu Katastrophen von höherer Kodimension führen: So ist beispielsweise auch die allgemeinste Potentialform des Augusti-Modells keine stabile Entfaltung der Doppelkuspe. (Dies ist an sich der Hauptbeitrag der Katastrophentheorie zur Diskussion dieses Abschnittes, weil nämlich unsere weitgehend klassische Analyse keinen warnenden Hinweis auf die Möglichkeit zusätzlicher Instabilitäten erbracht hat. Wie es scheint (Poston und Stewart 1978a), haben die Ingenieure die wichtigste Instabilität bereits entdeckt.) Und schließlich haben hoch-optimierte Strukturen eine starke Tendenz zu unangenehmen Versagens-Charakteristiken, die zusammen mit ihrer hohen Empfindlichkeit gegenüber Fehlern zu wirklichen Desastern (man scheut sich fast, das Wort ,,Katastrophen" zu verwenden) führen können — und dies besonders während ihrer Konstruktion.

6
Anwendungen in den Sozialwissenschaften

Die Anwendungen in diesem Kapitel stellen im Vergleich zu den physikalischen Systemen des Kapitels 5 sozusagen das andere Ende des Anwendungsspektrums dar. Wenn wir das Verhalten eines Individuums oder einer Gruppe analysieren wollen, so können wir ebenfalls keinen Satz von Bewegungsgleichungen für dieses System anschreiben, der auf bekannten quantitativen Gesetzen beruht, um dann zu untersuchen, was aus der Katastrophentheorie für die Lösungen dieser Gleichungen folgt. Stattdessen müssen wir etwas ganz anderes tun. Wenn wir nämlich an einem System einige oder alle Phänomene beobachten, die wir als charakteristisch für Katastrophen erkannt haben — plötzliche Sprünge, Hysterese, Bimodalität, Unerreichbarkeit und Divergenz — können wir annehmen (zumindest als Arbeitshypothese), daß die zugrundeliegende Dynamik die Anwendung der Katastrophentheorie zuläßt. Wir wählen dann Größen aus, die uns als Zustands- und Kontrollvariablen geeignet erscheinen und versuchen, den Beobachtungen ein Katastrophenmodell anzupassen.

Gleich zu Beginn erkennen wir einen Vorteil, der mit der Anwendung der Katastrophentheorie auf Probleme dieser Art verbunden sind. Die vorhandenen Daten sind sehr oft nicht quantifizierbar. Doch können wir im allgemeinen unsere Beobachtungen ordnen; wir können beispielsweise sagen, ob eine Person zorniger geworden ist oder weniger zornig. Und wir können üblicherweise auch sagen, ob eine Variable stetig ist oder nicht und ob sie sich auf eine glatte Weise verändert. Andererseits haben algebraische Konzepte wie

Addition und Multiplikation im allgemeinen keine Bedeutung: Es ist wenig sinnvoll zu sagen, jemand sei doppelt so zornig geworden. Im allgemeinen wird es daher sehr oft schwierig sein, Differential-gleichungen oder elementare statistische Techniken zu benutzen. In der Katastrophentheorie sind andererseits die Variablen ohne-dies nur bis auf Diffeomorphismen definiert, so daß Ordnung, Nachbarschaft und Stetigkeit die einzigen benötigten Begriffe darstellen. Wenn wir qualitative Daten haben, dann erwarten wir auch im allgemeinen qualitative Schlußfolgerungen. Und wenn wir den Übergang von den Daten zu den Schlußfolgerungen mit Hilfe einer mathematischen Technik vollziehen, dann scheint es sinnvoll, daß auch diese Technik qualitativ ist.

Konventionen

Ehe wir fortfahren, müssen wir einen weiteren Punkt diskutieren. Es geht dabei um die Frage der sogenannten Konventionen. Die Katastrophentheorie sagt uns, wieviele stabile Gleichgewichtsmög-lichkeiten es für eine vorgegebene Wahl der Kontrollvariablen gibt, aber sie sagt uns nicht, in welchen dieser Gleichgewichtszustände wir das System vorfinden werden. Für die Katastrophenmaschinen oder die gebogenen Balken wird dies sozusagen auf „historischem Boden" entschieden: Das System verbleibt in jedem beliebigen Gleichgewicht, in welchem es sich befindet, bis dieses Gleichge-wicht eben zusammenbricht. Dieses Verhalten ist charakteristisch für die meisten einfachen Systeme, aber es gibt andere Möglich-keiten, und wir müssen uns auf ihre Behandlung vorbereiten.

Betrachten wir zum Beispiel ein Gas, das der Van-der-Waals-Zustandsgleichung

$$\left(P + \frac{a}{V^2} \right) \left(V - b \right) = R T$$

genügt. Hier ist P der Druck, V ist das Volumen, T ist die absolute Temperatur, R ist die Gaskonstante, a und b sind zwei für das jeweilige Gas charakteristische Konstanten. Nehmen wir das

Volumen als abhängige Variable, so kann diese Gleichung in der Form

$$V^3 - \left(b + \frac{RT}{P}\right) V^2 + \frac{a}{P} V - \frac{ab}{P} = 0$$

geschrieben werden. Dies ist eine kubische Gleichung, die zugehörige Fläche ist daher diffeomorph zu der Gleichgewichtsfläche der kanonischen Kuspe. So liegt der Versuch nahe, das Verhalten des Systems in den Begriffen der Katastrophentheorie darzustellen. Wir nehmen V als Zustandsvariable, P und T als Kontrollvariablen.

Wenn wir dies tun, stellt sich allerdings heraus, daß einige der Vorhersagen falsch sind. Sicherlich treten plötzliche Sprünge auf, da es zu einer abrupten Erhöhung des Volumens kommt, wenn eine Flüssigkeit in den gasförmigen Zustand übergeht. Andererseits beobachten wir keine Hysterese; Wasser kocht üblicherweise bei der gleichen Temperatur, bei der Dampf kondensiert. Es gibt keine Bimodalität, da wir das Volumen eindeutig vorhersagen können, wenn Temperatur und Druck vorgegeben sind.

Der Grund für diese Diskrepanzen liegt darin, daß das System nicht in der lokalen Potentialwelle verbleibt, bis das Minimum verschwindet. Stattdessen sucht es ein globales Minimum des thermodynamischen Potentials. Der Phasenübergang erfolgt daher, wenn das Potential für die beiden Phasen übereinstimmt. In der Terminologie des Diagrammes gesprochen, entstehen die Sprünge in den beiden Richtungen, sobald die Kontrolltrajektorie eine Kurve erreicht, die innerhalb der Kuspe liegt (Bild 6-1). Die Gleichgewichtsfläche erinnert tatsächlich an das einfache P-V-T-Diagramm, das man in elementaren Lehrbüchern der Thermodynamik findet. Es ist lediglich auf die Seite gelegt; in der üblichen thermodynamischen Konvention zeigt P nach oben.

Das Kriterium, aus dem folgt, welcher von zwei oder mehreren Gleichgewichtszuständen auftritt, nennen wir *Konvention*. Dieser Name ist leider etwas irreführend, weil die Wahl nicht willkürlich vorgenommen werden kann, sondern durch die Natur des Systems bestimmt ist. Systeme, die so lange in ihrem jeweiligen Gleichge-

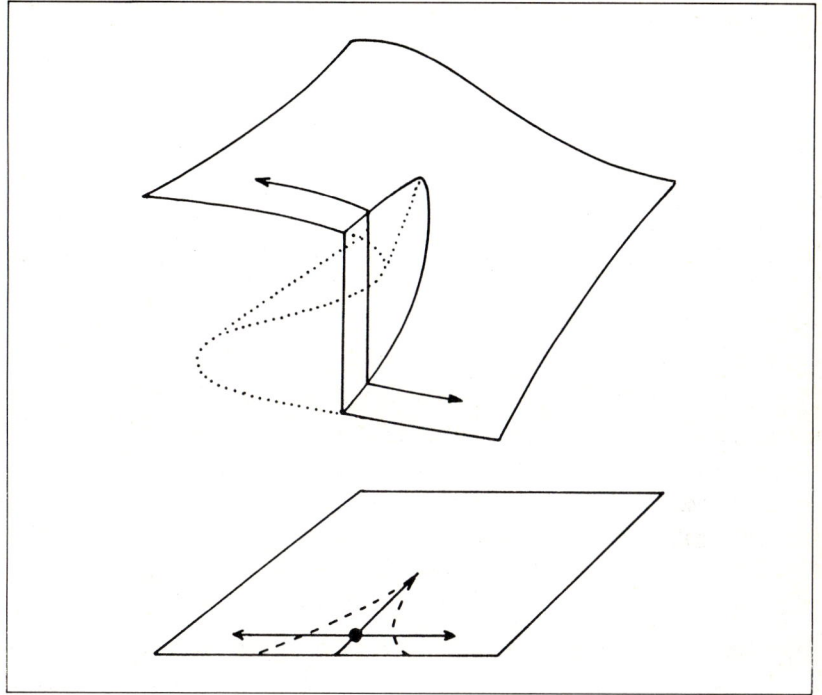

Bild 6-1 Die Riemann-Hugoniot-Katastrophe (Kuspe) in der Maxwell-Konvention

wicht verharren, bis dieses verschwindet, gehorchen der sorgenann-
ten *„Konvention der vollständigen Verzögerung"* (*Perfect-delay-*
Konvention). Wir erwarten dieses Verhalten für alle einfachen
Systeme, weil jede andere Konvention die Existenz von Mechanismen voraussetzt, mit deren Hilfe das System ein anderes Minimum
auffinden und sich dorthin bewegen kann. Systeme, die stets ein
globales Minimum des Potentials suchen, folgen der sogenannten
„Maxwell-Konvention"; dieser Name wurde gewählt, weil Maxwell
die in der Thermodynamik zur Vorhersage von Phasenübergängen
verwendete Regel formulierte. Es gibt auch andere Konventionen,
z. B. die *„Konvention der unvollständigen Verzögerung"* (*Imper-*

fect-delay-Konvention), der zufolge sich das System zu einem globalen Minimum hinbewegen wird, aber nur dann, wenn dies ohne Überwindung einer Potentialschwelle geht, die eine bestimmte Höhe übersteigt.

Wir begegnen der Maxwellschen Konvention in der Thermodynymik, weil diese Prozesse von den Gesetzen der statistischen Mechanik beherrscht werden, die sich bestimmter Mittelwertsbildungen bedient. Intuitiv könnten wir vermuten, daß die zufällige Bewegung der Teilchen im Phasenraum es dem System gestattet, ein globales Minimum des Potentials zu finden. Es ist bei hinreichender Vorsicht möglich, Wasser zu überhitzen oder Dampf zu unterkühlen, obwohl fast jede Störung einen plötzlichen Phasenübergang zur Folge haben wird. Tatsächlich hält in diesem Fall die reduzierte Zufälligkeit die Teilchen stärker in der Potential-Schwelle, so daß das System der Konvention der vollständigen Verzögerung (*perfect delay*) unterliegt.

Aggression bei Hunden

Unser erstes und eines der frühesten, bestbekannten Beispiele von Zeemans zahlreichen Illustrationen der Katastrophentheorie beschäftigt sich mit dem Verhalten eines Hundes unter Streß. In seinem Buch über die Aggression stellt Lorenz (1966) fest, daß die Aggression von Hunden vor allem von den beiden Faktoren Wut und Angst bestimmt ist, wobei diese durch direkte Beobachtung des Tieres gemessen werden können: Je größer die Wut, desto weiter ist das Maul geöffnet, je größer die Angst, desto weiter sind die Ohren zurückgelegt. Klarerweise wird das Aggressionsniveau erhöht, wenn nur die Wut zunimmt; es wird gesenkt, wenn nur die Angst zunimmt. Was aber geschieht, wenn beide Faktoren gleichzeitig zunehmen? Die Antwort scheint zu sein, daß der Hund entweder viel aggressiver oder aber viel weniger aggressiv wird, ohne daß man leicht vorhersagen könnte, welcher der beiden Fälle eintritt. Immerhin ist es unwahrscheinlich, daß das Tier ruhig bleibt und ein neutrales, unbelastetes Verhalten an den Tag legt.

Hier treten also drei der charakteristischen Eigenschaften der Kuspe (Riemann-Hugoniot-Katastrophe) auf, nämlich Bimodalität, divergentes Verhalten und Unerreichbarkeit. So versuchen wir die Beobachtungen mit einer Spitze in Einklang zu bringen. Die Kontrollvariablen sind natürlich Wut und Angst, die Zustandsvariable ist das Verhalten. Wenn nun zwei Kontrollvariable miteinander in *Konflikt* stehen (soll heißen: die Zunahme der einen Kontrollvariablen bewirkt im allgemeinen den gegenteiligen Effekt, als die Zunahme der anderen), so fallen die Achsen nicht mit den *u*- und *v*-Achsen der kanonischen Kuspe zusammen. Statt dessen lassen wir die aufspaltende Variable in jene Richtung zeigen, in der die beiden Faktoren gemeinsam anwachsen. Dies entspricht der

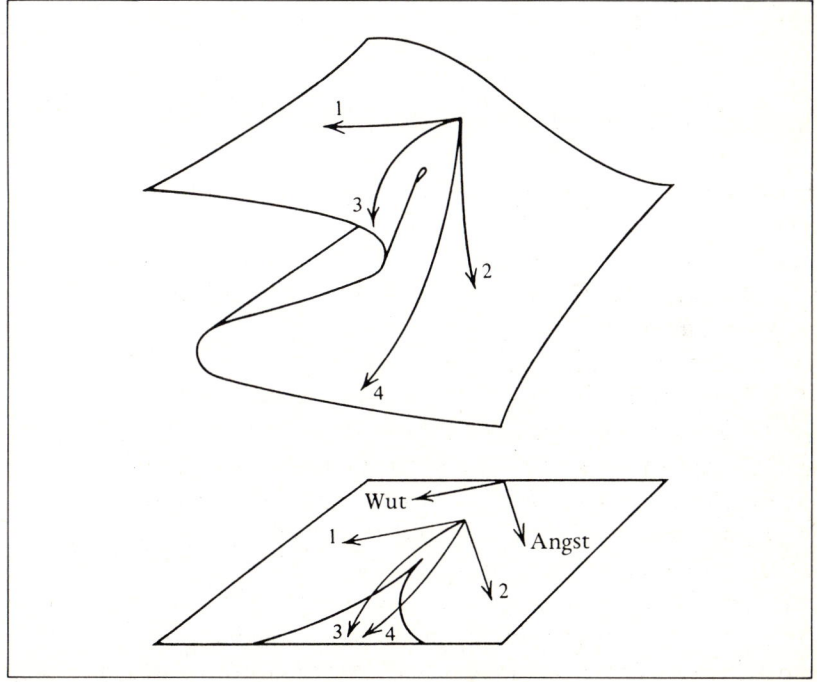

Bild 6-2 Die Reaktion eines Hundes auf Wut und Angst

Idee, daß für großen Druck eine stetige Reaktion unmöglich werden kann. Der Normalfaktor mißt das Gleichgewicht zwischen den konkurrierenden Faktoren.

Wir können Bild 6-2 zeichnen und sehen, was daraus für Schluß-folgerungen über das Verhalten des Hundes nahegelegt werden. Zunächst produziert das Bild die bereits erwähnten Eigenschaften: Der offensichtliche Effekt eines Anwachsens entweder von Wut oder von Angst allein (Weg 1 und 2) und die nicht eindeutige Auswirkung eines gleichzeitigen Anwachsens von beiden (Weg 3 und 4). Wir finden auch die beiden anderen für die Kuspe typi-schen Phänomene, nämlich plötzliche Sprünge und Hysterese.

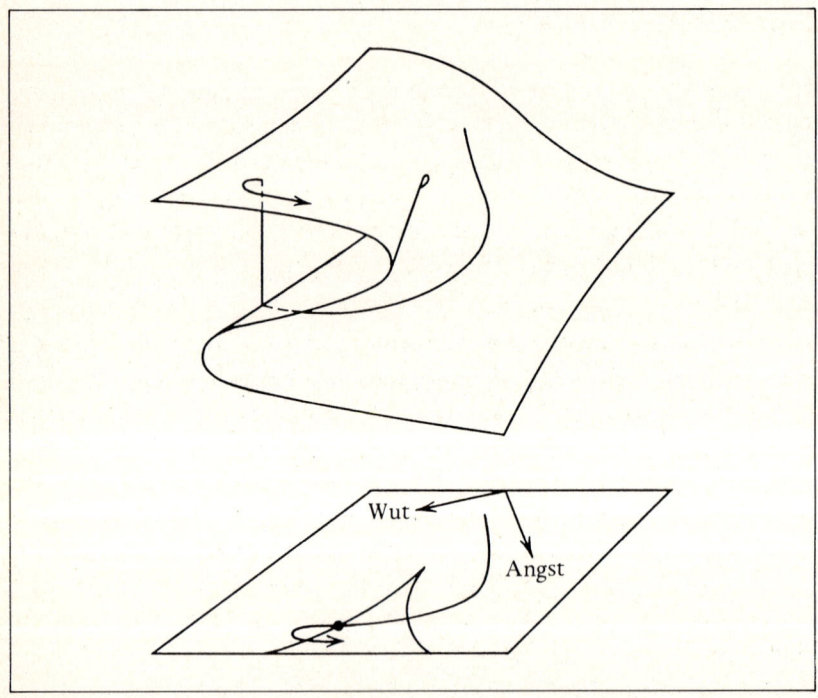

Bild 6-3 Die Reaktion eines Hundes auf Wut und Angst mit Hysterese im Verhalten.

Wird der Hund z. B. zuerst aufgeschreckt und dann wütend gemacht (etwa durch einen größeren Hund, der gerade in das Territorium des ersteren eindringt), so wird er langsam aggressiver werden. Wahrscheinlich ist es, daß er zunächst geduckt bleibt (er bewegt sich auf der unteren Schicht des Modells) und dann plötzlich zu einer aggressiven Haltung übergeht. Gerät er dabei auf der Verhaltensachse genügend weit hinauf, so wird er praktisch ohne Vorwarnung plötzlich angreifen. Befindet sich der Hund bereits in einem aggressiven Zustand, so wird er diesen tendenziell auch dann beibehalten, wenn die Wut schwindet (etwa durch einen teilweisen Rückzug des anderen). Wir haben damit die Hysterese beobachtet, vgl. Bild 6-3.

Entscheidungsprozesse

Nun wenden wir uns von den Hunden ab und den Menschen zu. Im Sinne einer klaren Darstellung werden wir uns mit einem ausgewählten Beispiel befassen, nämlich mit der Regierung eines Landes, das zu einer rivalisierenden Nation in Konflikt steht. Das Modell kann natürlich leicht auf andere Situationen übertragen werden (Zeeman 1976a, Isnard und Zeeman 1976).

Als Kontrollvariable wählen wir Bedrohung und Kosten, beide Größen so, wie sie von der Regierung wahrgenommen werden (die Einschätzung der Regierung ist für die gewählte Vorgangsweise ausschlaggebend), und beide wollen wir in einem sehr allgemeinen Sinn verstehen, so daß unter den Kosten etwa auch ein Verlust innenpolitischer Stabilität und nicht nur die finanziellen Kosten einer Militäraktion verstanden werden. Die Zustandsvariable beschreibt die politische Vorgangsweise auf einer Skala, die von sehr aggressiv („Falken") bis zu sehr passiv („Tauben") reicht. Wir können nun eine Kuspe zeichnen und untersuchen, was uns dieses Modell nahelegt (Bild 6-4). Wir werden von jetzt an übrigens nur den Kontrollraum zeichnen und jene Positionen, an denen Sprünge auftreten, durch Punkte markieren.

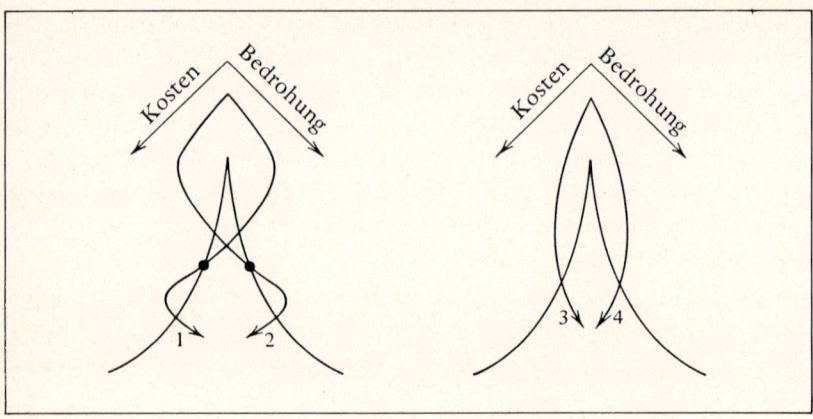

Bild 6-4 Die Reaktion einer Regierung auf Bedrohung und Kosten

Weg 1 stellt ein Land dar, das sich zunächst entscheidet, ein Anwachsen der Bedrohung bei niedrigen Kosten zuzulassen. Es nimmt daher eine aggressive Haltung ein oder eskaliert den Krieg, wenn er bereits im Gange ist. Diese Politik wird beibehalten, auch wenn die Kosten zu steigen beginnen. Überschreiten die Kosten einen gewissen Punkt, während die Bedrohung mehr oder weniger gleich bleibt, so wird sich eine plötzliche Veränderung in Richtung auf eine weniger aggressive Position ergeben. Es wird zu ernsthaften Versuchen kommen, sich der Konfrontation zu entziehen. Als Beispiel für dieses Verhalten kann uns die Geschichte des amerikanischen Engagements in Vietnam dienen, einschließlich des Ausbleibens der Reaktion auf die letzte Offensive, wodurch der Fall von Saigon herbeigeführt wurde.

Weg 2 stellt andererseits ein Land dar, das zunächst die Kosten als hoch und die Bedrohung als gering einschätzt. Es versucht daher, einem Engagement auszuweichen und wird diese Politik auch dann fortsetzen, wenn die Bedrohung beträchtlich steigt. Sollte die Bedrohung jedoch zu groß werden, dann wird das Land sehr plötzlich zu einer viel aggressiveren Politik übergehen; dies kann auch zu einer überraschenden Kriegserklärung führen. So wurden immer wieder Überlegungen angestellt, bis zu welchem Grad die deutsche Entscheidung zur Invasion Belgiens im Jahre 1914 und Polens im Jahre 1939 vor allem dadurch hervorgerufen wurde, daß in keinem der beiden Fälle irgendwelche vorangegangenen britischen Aktionen Grund zur Annahme gaben, Großbritannien werde in den Krieg eintreten oder nach dem Kriegseintritt den Kampf trotz der furchtbaren Kosten fortsetzen.

Weg 3 und 4 stellen zwei Länder dar, die von einer mehr oder weniger übereinstimmenden Einschätzung einer Situation ausgehen, aber doch recht verschiedene Strategien einschlagen. Der Grund für dieses divergente Verhalten ist folgender: Wenn Kosten und Bedrohung gleichzeitig zunehmen, besteht die Tendenz, die gleiche Haltung beizubehalten, mit der man begonnen hat. Als Beispiel dafür kann die Kuba-Krise des Jahres 1962 angeführt werden; die Vereinigten Staaten begannen aggressiv und behielten die Initiative bis zum Ende.

Dieses Modell illustriert die in solchen Fällen erforderlichen diplomatischen Bemühungen. Hätten die Amerikaner alles getan, um die scheinbare Bedrohung der UdSSR (etwa durch eine drohende Invasion in Kuba) zu erhöhen, dann hätte das Resultat auch katastrophal sein können, weil die Sowjetunion dann möglicherweise über die Kante der Gleichgewichtsfläche und auf die obere Schicht gestoßen worden wären.

Kompromiß

In den bisherigen Beispielen war die Reaktion auf ein ernsthaftes Problem entweder eine starke Bewegung in die eine oder andere Richtung, während das mittlere Gebiet durch die für die Kuspe typische Unerreichbarkeit versperrt war. Es gibt allerdings Beispiele von Konflikten, in denen trotz der Umstände Kompromisse erzielt worden sind. Die Kuspe ist offensichtlich für die Beschreibung solcher Konflikte ungeeignet, daher wenden wir uns dem Schmetterling zu.

Die Schmetterlings-Katastrophe hat ebenfalls eine Zustandsvariable, die wir wiederum zur Beschreibung der politischen
Strategie verwenden; es gibt allerdings nun vier Kontrollvariablen,
die interpretiert werden müssen. Wie bisher wählen wir die Bedrohung und die Kosten als konkurrierende Variablen in der normalen
aufspaltenden Ebene. Der Kompromiß wird durch die Punkte auf
der mittleren Schicht repräsentiert. Da der Schmetterlingsfaktor
die Existenz dieser Schicht verursacht, würden wir gerne diesen
Faktor mit dem Kompromiß-Verhalten in Zusammenhang bringen.
Ein möglicher Kandidat ist dafür die Zeit. Dauert ein Konflikt
genügend lang an, ohne daß eine Seite gewinnt, dann könnte eine
gewisse Bereitschaft zu einem Kompromiß entstehen. Wir können
dabei an eine Art von „Neigungsfaktor" (Verschiebungsfaktor,
vgl. Kapitel 4) im üblichen Sinne des Wortes denken, denn es geht
um die Tendenz — die Neigung — einer speziellen Regierung, auf
Bedrohung und Kosten mehr oder weniger stark zu reagieren —
insbesondere im Vergleich zu einer anderen Regierung. Eine Veränderung im Neigungsfaktor könnte z. B. durch eine Änderung in
der Zusammensetzung der Regierung hervorgerufen werden. Man
könnte nun auch über eine andere Wahl für einige der Variablen
diskutieren — Isnard und Zeeman (1976) nehmen z. B. die Unver-
wundbarkeit als Verschiebungsfaktor. Wie sich herausstellt, hängt
unsere Diskussion aber davon nicht ab.

Folgen wir dem Szenario in Bild 6-5. Anfänglich (dies zeigt die
Zeichnung nicht) ist der Schmetterlingsfaktor positiv, so daß im
wesentlichen als Katastrophe eine Kuspe auftritt. Die Ereignisse
werden daher zunächst denselben Verlauf nehmen, wie in unserem
ursprünglichen Modell.

Angenommen, die Frage ist weder in der einen oder anderen
Richtung entschieden und die Gründe der Spannung halten an. Im
Laufe der Zeit wird der Schmetterlingsfaktor negativ — wir haben
diesen Faktor als negative Zeit gewählt, damit das Modell im
gewünschten Sinne abläuft —, und die mittlere Schicht kommt ins
Spiel. Wenn kein zu großes Ungleichgewicht zwischen Bedrohung
und Kosten herrscht, wird ein Kompromiß nun möglich. Die mittlere Schicht wird auch immer breiter, so daß der Kompromiß mit

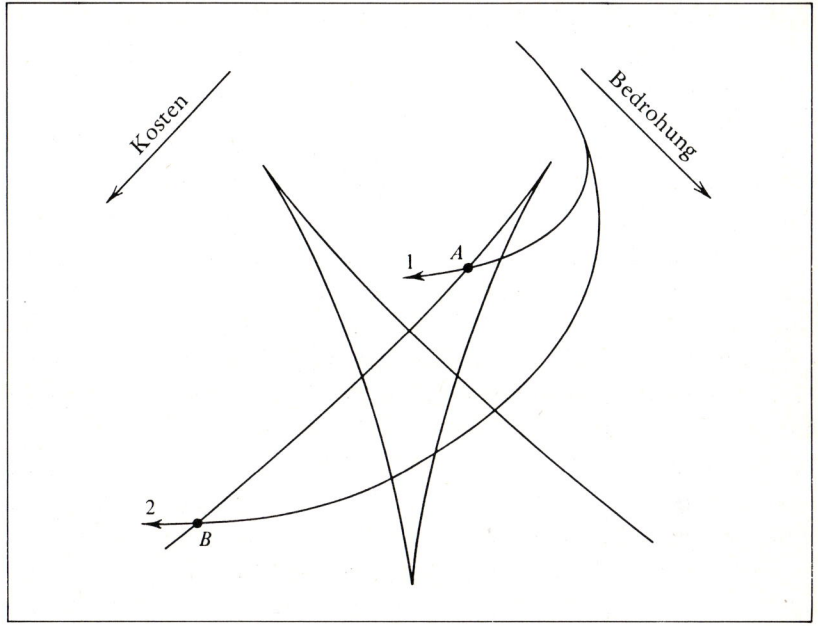

Bild 6-5 Die Schwierigkeit, einen Kompromiß zu finden

der Zeit immer weniger zerbrechlich ist. Trotzdem kann er mit einem gewissen Restrisiko durch große Veränderungen in den anderen Variablen immer noch zerstört werden.

So können wir unser Modell des Entscheidungsprozesses mit Hilfe der zusätzlichen Kontrollvariablen auf kompliziertere Situationen anwenden, wie auch zu erwarten war. Das verallgemeinerte Modell ist allerdings in anderer Hinsicht noch interessanter, weil es nicht nur ein zusammenhängendes Bild des Prozesses selbst gibt, sondern auch mindestens eine unerwartete Eigenschaft hat: Die zwei Wege aus Bild 6-5 sind mögliche Kontrolltrajektorien für ein Land, das anfänglich eine aggressive Position einnimmt, dann aber mit einer beträchtlichen Erhöhung der Kosten des Konflikts konfrontiert wird. Wenn dieser Kostenanstieg relativ früh eintritt, so ergibt sich Weg 1, und in *A* tritt eine Verschiebung von der aggressiven „Falken-Position" zum Kompromiß ein. Dieser Wechsel in der Politik wird nicht sehr dramatisch ausfallen, da wir uns ziemlich in der Nähe jener Region befinden, in der ein kontinuierliches Politik-Spektrum vorhanden ist. Steigen die Kosten aber erst dann, wenn die Bedrohung ein viel höheres Niveau erreicht hat, ist das Resultat (Weg 2) ein ganz anderes. In diesem Fall tritt keine wesentliche Veränderung in der Politik ein, bis der Punkt *B* erreicht ist. Dort wird die aggressive Position nicht durch den Kompromiß, sondern durch die wenig aggressive „Tauben-Position" ersetzt. Folgt man also unserem Modell und wird die Situation ernst genug, dann ist die Kompromiß-Position nicht zugänglich. Sie existiert, kann aber nicht erreicht werden (Bild 4-10).

Unsere Vorhersage basiert im wesentlichen auf der Konvention der vollständigen Verzögerung (*Perfect-delay*-Konvention), derzufolge das System im Falken-Minimum gehalten wird, während der Kompromiß auftaucht und verschwindet. So liegt die Frage nahe, ob diese Konvention vernünftig ist oder nicht. Untersuchen wir dazu ihre Bedeutung in den Begriffen des Systems, für das wir ein Modell entwickeln wollen. Wir beschäftigen uns mit einer Regierung, die nach unserer Annahme die beste Politik verfolgen wird und dabei von ihren eigenen Einschätzungen der Bedrohung und der Kosten sowie von ihren eigenen Neigungen und Vorurteilen ausgeht (allein schon die Verwendung des Begriffes „beste Politik" weist auf eine Art von Maximierungs-Prinzip hin, obwohl es uns schwerfallen würde, zu definieren, was hier maximiert werden soll). Die *Perfect-delay-Konvention sagt* nun aus, daß ein System so lange in einem lokalen Minimum verharrt, bis dieses Minimum verschwindet (auch wenn es ein niedrigeres Minimum gibt). In der Sprache des Modelles heißt das: Die Regierung wird auf Veränderungen der Situation nur mit kleinen Veränderungen ihrer Politik reagieren, bis sie ihre Position gänzlich unhaltbar findet — auch wenn sie durch eine ausgeprägtere Änderung der Politik eine Position erreichen könnte, die *nach ihren eigenen Kriterien* vorzuziehen wäre.

Aufgrund unseres Modelles können wir annehmen, daß unter bestimmten Umständen eine kurzsichtige Regierung nicht in der Lage ist, einen Kompromiß zu erzielen, der für weisere Staatsmänner durchaus erreichbar gewesen wäre. Dies ist zwar keine neue und besonders überraschende Erkenntnis. Aber es war nicht von vornherein klar, daß sie in unserem Modell Berücksichtigung findet.

Es gibt (glücklicherweise, wenn unser Modell zutrifft) eine Anzahl von Alternativen zur Konvention der vollständigen Verzögerung. Eine davon ist die Maxwell-Konvention, die wir bereits erwähnt haben. In diesem Fall wird das System stets ein globales Minimum des Potentials suchen. Dies entspricht in unserem Modell einer Regierung, die genügend Phantasie besitzt, um zu erkennen, wann eine Änderung der Politik vorteilhaft ist, und die genügend Selbstvertrauen und politisches Geschick besitzt, um diese Veränderung auch zu realisieren. Diese Annahme ist wahrscheinlich zu optimistisch; etwas realistischer ist die *Konvention der unvollständigen Verzögerung* (*Imperfect-delay*-Konvention), derzufolge die Regierung zwar nicht direkt eine bessere Politik umsetzt, aber andererseits auch nicht wartet, bis es keine Alternative mehr gibt.

Es ist natürlich auch möglich, daß Regierungen, oder in diesem Fall auch Individuen, für eine bestimmte Politik prädisponiert sind und an der von ihnen bevorzugten Position festhalten, bis sie durch die Umstände ganz offensichtlich unhaltbar wird. Diese Art von Verhalten, wo die Auswahl des stationären Zustandes auf Grund von Kriterien erfolgt, die im System und nicht im Modell liegen, erwarten wir normalerweise nicht für einfache Systeme, sondern eher für hochkomplexe Systeme wie das Gehirn, die aus einer Anzahl von miteinander wechselwirkenden Untersystemen bestehen. Ein Beispiel könnte etwa die von den Herausgebern geprägte politische Linie einer Zeitung mit einer ausgeprägten politischen Meinung darstellen: Gelegentlich wird die Zeitung zwar ihre Sympathie mit einer abweichenden politischen Position zum Ausdruck bringen, sie wird das aber nur dann tun, wenn für die von ihr bevorzugte Position überhaupt keine Argumente mehr angeführt werden können. Und die Rückkehr zur üblichen Linie erfolgt ohne Hysterese. Es sei erwähnt, daß diese Konvention in einem anderen Zusammenhang von Fowler (1972) vorgeschlagen und als *„Sättigungs-Konvention"* bezeichnet wurde.

Schließlich kann der stationäre Zustand auch von einer völlig systemfremden Ursache herbeigeführt werden. Denken wir etwa an eine Friedenstruppe, die zur Beendigung der Feindseligkeiten von außen eingesetzt wird. Wenn die Kontrolltrajektorien nun unter der mittleren Schicht verlaufen (keine der beiden Seiten verspürt ein zu großes Ungleichgewicht zwischen Bedrohung und Kosten), so werden sich die Schiedsrichter sehr bald zurückziehen können. Ist dies nicht der Fall, so wird die Waffenruhe in dem Augenblick zusammenbrechen, in dem die Friedenstruppe abgezogen wird.

Diese „äußere" Konvention kann in vielen sozialwissenschaftlichen Anwendungen auftreten. So hat Zeeman (1976a, d) vorgeschlagen, die Katastrophentheorie in Modellvorstellungen psychologischer Störungen anzuwenden. In diesem Fall entspricht die äußere Konvention bestimmten Therapieformen, die den Patienten in einen Zustand bringen, der von ihm nur durch Unterstützung von außen erreicht werden kann. Die Therapie wird unter bestimmten Bedingungen greifen, unter etwas abweichenden jedoch nicht mehr. Auch dies beschreibt unser Modell: Es ist möglich, daß das erwünschte Gleichgewicht nicht zugänglich ist.

Multistabile Wahrnehmung

Ein Beispiel für ein Umklapp-Phänomen in der Psychologie — es ist weniger dramatisch als Entscheidungen über Krieg und Frieden, kann aber leichter studiert werden — ist die multistabile Wahrnehmung. Diese Phänomene sind für jeden vertraut, der einmal längere Zeit auf einen gemusterten Fußboden gestarrt hat. Den ersten Hinweis in der Literatur gab wahrscheinlich der Geologe Necker, der im Jahr 1832 darauf hinwies, daß Skizzen von Kristallgittern manchmal plötzlich bezüglich ihrer räumlichen Tiefe umzuklappen scheinen. Wir können diesen Effekt anhand von Bild 6-6 studieren; wenn wir die mit *A* bezeichnete Ecke einige Zeit fixie-

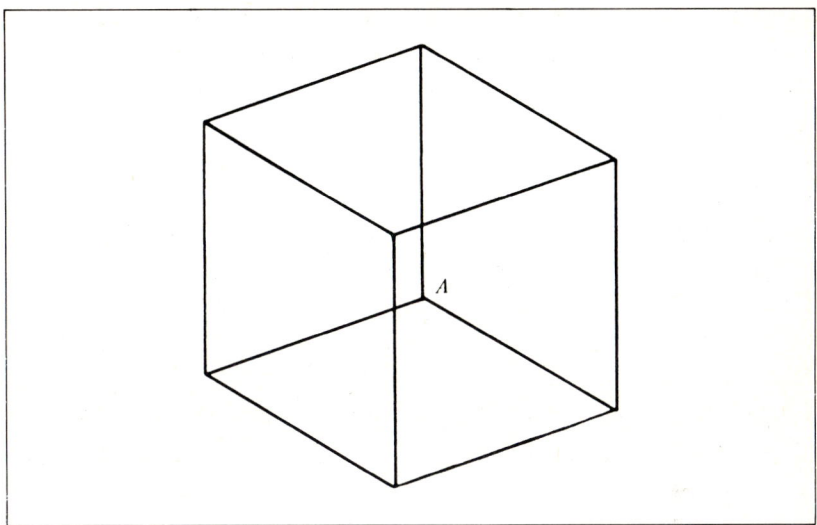

Bild 6-6 Der Necker-Würfel

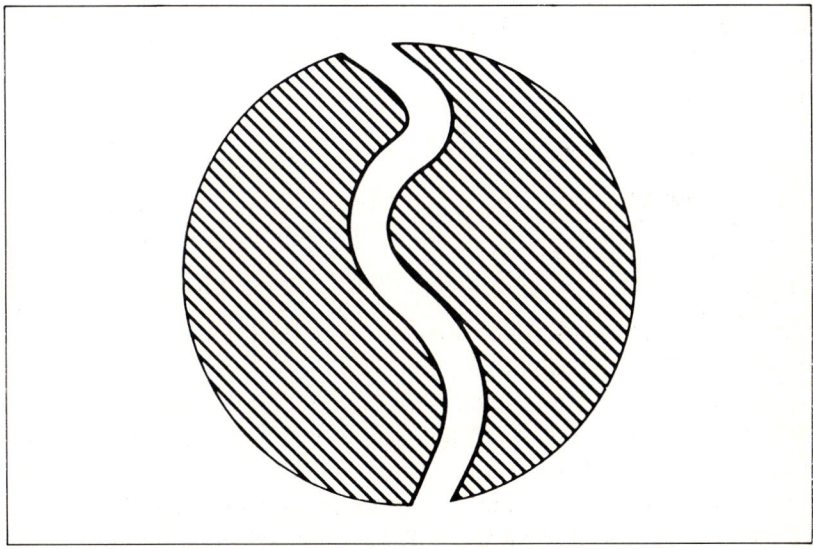

Bild 6-7 Eine tri-stabile Figur

ren, so wird abwechselnd der Eindruck entstehen, daß sie vorne bzw. hinten liegt. Ein anderes einfaches Beispiel zeigt Bild 6-7. Dieses Bild ist tri-stabil: Wir können entweder die Form auf der rechten oder die Form auf der linken Seite oder aber die dazwischenliegende Linie als selbständige (und nicht als Begrenzung) wahrnehmen.

Eine interessante Verallgemeinerung des Phänomens stammt von Fisher (1967) und wird durch die oberste Reihe der Formen in Bild 6-8 illustriert. Hier erkennen wir einen graduellen Übergang von der deutlichen Skizze eines Männergesichtes auf der linken Seite zu einer ebenso deutlichen Skizze einer Frau auf der rechten Seite, wobei die vierte Figur beide Interpretationen mit der gleichen Wahrscheinlichkeit zuläßt.

Für uns ist besonders interessant, daß die mittlere Figur eher als Mann gesehen wird, wenn wir von links kommen, und eher als Frau, wenn wir rechts beginnen.

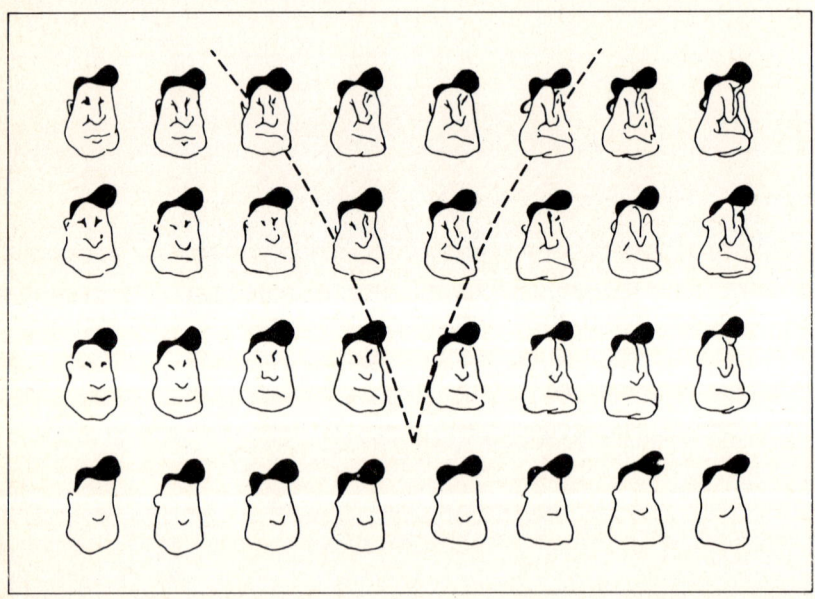

Bild 6-8 Bistabilität als Kuspe. Nach Poston und Stewart (1978a, Seite 419)

Damit beobachten wir drei charakteristische Eigenschaften der Kuspe — Bimodalität, plötzliche Sprünge und Hysterese —, wir erwarten daher das Auftreten einer Kuspe. Natürlich ist die oberste Reihe selbst nur eine eindimensionale Anordnung und könnte auch durch zwei Falten beschrieben werden (Bild 6-9). Wir ziehen allerdings die Spitze vor (wir wollen sie zuerst untersuchen), weil uns die Katastrophentheorie sagt, daß sie das einfachste Modell zur Beschreibung von Phänomenen mit einem einzigen Organisationszentrum ist. Poston und Stewart (1978a, b) haben die „Detaillierung" als zweite Kontrollvariable vorgeschlagen. Was damit gemeint ist, zeigt die vollständige Darstellung von Bild 6-8. Wir können von dem klaren Bild eines Mannes ohne jeden plötzlichen Sprung zum klaren Bild einer Frau gelangen, wenn wir die Details bis zu jenem Punkt reduzieren, wo man nicht mehr genügend Merkmale für die Entscheidung hat. Wir können, ausgehend von den mittleren Figuren der untersten Reihe, auch Folgen bis zu den mittleren Figuren der obersten Reihe konstruieren, die eine starke Präferenz in die Richtung des Mannes oder der Frau ergeben.

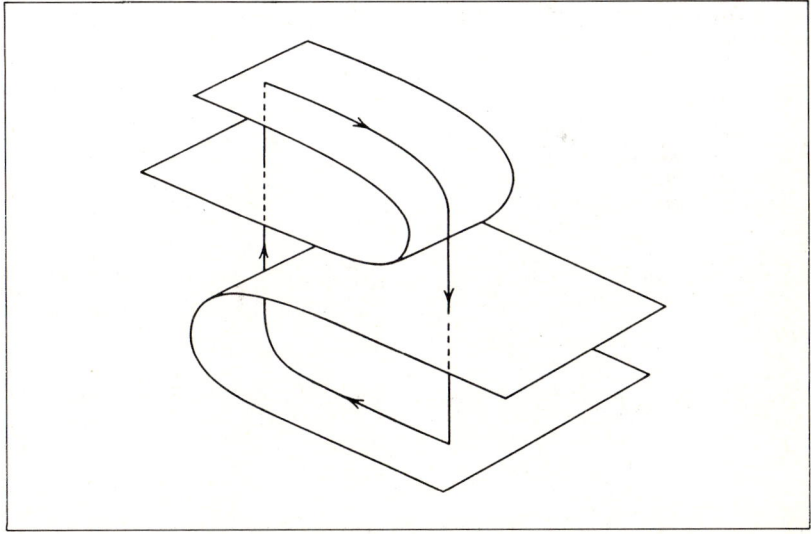

Bild 6-9

Zwei Aspekte des Necker-Würfels (Bild 6-6) treten in diesem Modell nicht auf, nämlich das Umklappen zwischen den beiden stabilen Zuständen ohne Veränderung der Kontrollvariablen und das Phänomen der Suggestivität. In vielen mehrdeutigen Bildern können wir nur eine der beiden Interpretationen erkennen, bis wir von jemandem auf die andere hingewiesen werden, die dann aber plötzlich auftritt. Auch im Fall der Fisher-Figuren können wir das Umklappen hervorrufen, ehe die Kuspe überschritten wird, wenn wir den Beobachter auf diese Alternative hinweisen.

Wir können aber auch diese Phänomene in das Modell einbauen, wenn wir die äußere Konvention anwenden: Für komplexe Systeme wie das Gehirn muß der Mechanismus, der die möglichen stabilen Zustände festlegt, nicht der gleiche sein, mit dessen Hilfe einer von ihnen ausgewählt wird. Im Fall der mehrdeutigen Bilder ist es so, als ob innerhalb eines bestimmten Bereiches jener Teil des Gehirns, der normalerweise unsere optischen Eindrücke entschlüsselt, nun nicht zu einer klaren Entscheidung kommen könnte. Das Gehirn verfolgt dann zwei Alternativen und sucht sich andere Entscheidungshilfen; das wohlbekannte Kelch- und Gesichter-Bild von Rubin (Bild 6-10) wird von uns viel eher als Kelch

Bild 6-10

interpretiert, wenn es uns in einem Buch über Glaswaren begegnet. Vielleicht gilt dies in analoger Weise für alle Entscheidungsprozesse; wir befinden uns in einem Zustand, in dem wir rasch die Anzahl der grundsätzlich vorhandenen Alternativen sehr rasch reduzieren, um dann mit Hilfe eines andersgearteten Vorganges die Auswahl zwischen den wenigen verbleibenden Alternativen zu treffen.

Mehr über Konventionen

Wir wurden zur „Sättigungs"- und zur „äußeren" Konvention geführt, als wir unsere Katastrophentheorie auf die Sozialwissenschaften anwenden wollten. Diese Konventionen können aber auch an Hand physikalischer Systeme beobachtet werden. Betrachten wir z. B. eine Zeeman-Katastrophenmaschine (Bild 1-1). Das freie Ende der elastischen Schnur befindet sich auf der Höhe der „Diamantkurve", aber rechts von ihr. Dann kann der Zeiger OQ nur im Gleichgewicht sein, wenn er nach rechts weist. Wir können ihn zwar nach links bewegen, er wird aber stets nach rechts zurückkehren.

Nun bewege man das freie Ende P nach links. Wenn es in die von der „Diamantkurve" begrenzte Fläche eintritt, geschieht zunächst nichts dramatisches; der Zeiger weist weiter nach rechts. Trotzdem hat sich das System verändert. Wenn wir nämlich den Zeiger nun nach links bewegen, so wird er dort bleiben. Wir können in gleicher Weise, solange P im Inneren der „Diamantkurve" liegt, den Zeiger beliebig zwischen den beiden stabilen Stellungen hin und her bewegen; liegt P jedoch außerhalb der „Diamantkurve", dann gibt es eine Gleichgewichtsposition, zu der OQ stets zurückkehren wird. Noch interessanter ist in diesem Zusammenhang die Duffing-Gleichung. Wenn wir z. B. eine schwingende harte oder weiche Feder mit den Fingern anhalten, während die Antriebskraft weiterläuft, würden wir normalerweise erwarten, daß sich beim Loslassen der Feder nach einer Übergangsphase die ursprüngliche Schwingungsamplitude wieder einstellt. War die Kontrolltrajektorie allerdings innerhalb der Spitze und befand sich die Feder in dem

Schwingungszustand mit der größeren Amplitude, dann können sich die Oszillationen nach der Störung genauso gut bei der kleineren Amplitude stabilisieren. Und mit entsprechender Sorgfalt können wir das System genauso von den Schwingungen mit der kleinen in jenen mit der großen Amplitude überführen.

Wir können die Duffing-Gleichung auch durch die Konstruktion eines geeigneten elektrischen Schwingkreises realisieren. In diesem Fall kann die Amplitude durch einen Stromstoß geändert werden, der hinreichend ist, um die Amplitude von einem Zentrum zum anderen zu befördern. Dieser Effekt dient nicht nur dazu, die Kuspe zu illustrieren, sondern kann auch einige der Phänomene erklären, die wir in diesem Kapitel diskutiert haben. Es ist seit langem bekannt, daß im Gehirn elektrische Schwingungen auftreten, und Zeeman (1976d, e) hat als Modell des Gehirns eine große Ansammlung gekoppelter Oszillatoren vorgeschlagen. Plötzliche Veränderungen in der Stimmung oder im Verhalten können als Katastrophen-Sprünge in der Amplitude und der Phase nichtlinearer Oszillatoren verstanden werden. Die äußere Konvention paßt sich ziemlich natürlich in dieses Modell ein, wenn wir den Effekt etwa einer suggestiven Information als elektrischen Impuls interpretieren, der in den zugehörigen Schwingkreis eingespeist wird. Daraus kann sich eine Veränderung ergeben, allerdings dann und nur dann, wenn ein anderes Zentrum existiert.

7
Biologische Anwendungen

Wie zu erwarten, liegen die biologischen Anwendungen der Katastrophentheorie, wenn man das Gesamtspektrum betrachtet, am ehesten irgendwo zwischen den physikalischen und den sozialwissenschaftlichen. Üblicherweise kennen wir die Dynamik nicht, obwohl wir im allgemeinen zumindest eine Idee von dem zugrundeliegenden Prozeß haben. Wir können aber in vielen Fällen entscheiden, ob die für eine Anwendung der Katastrophentheorie nötigen Bedingungen mit einer gewissen Wahrscheinlichkeit erfüllt sind. Damit bewegen wir uns auf festerem Grund als hinsichtlich der Sozialwissenschaften. Tatsächlich geht es bei der Anwendung der Katastrophentheorie in der Biologie unter anderem auch darum, die zugrundeliegenden Mechanismen zu untersuchen.

Die beiden Beispiele, die wir in diesem Kapitel diskutieren, unterscheiden sich von den Beispielen der Kapitel 5 und 6 in einer wichtigen Hinsicht. Bisher haben wir die Katastrophentheorie auf Probleme angewandt, die schon früher mit Hilfe anderer Methoden untersucht worden waren. Hier geht es nun um zwei Fallstudien, in denen neue Resultate erzielt und − dies mag manchem als einziges Kriterium für die Nützlichkeit einer wissenschaftlichen Theorie erscheinen − weitere Experimente vorgeschlagen werden.

Die Bewegung einer Grenze

Es handelt sich dabei um eine der ersten wirklichen Anwendungen der Katastrophentheorie. Wir formulieren die Aussage und beweisen sie mehr oder weniger in der gleichen Form, wie sie ursprünglich von Zeeman (1974) angegeben wurde, und diskutieren anschließend den Rest dieser Arbeit von Zeeman und untersuchen, was uns die Analyse gebracht hat.

Folgendes wollen wir beweisen: Bildet sich in einem anfänglich undifferenziertem Gebiet eine Grenze aus, dann folgt aus den vier Hypothesen

(1)   Homöostasie,
(2)   Stetigkeit,
(3)   Differenzierung,
(4)   Wiederholbarkeit,

daß diese Grenze nicht an der Stelle ihrer endgültigen Lage entsteht. Vielmehr bildet sie sich irgendwo aus, wandert als Welle durch das Gebiet, um sich schließlich zu stabilisieren und zu vertiefen. Die endgültige Position wird parabolisch und nicht asymptotisch erreicht. Die mathematischen Interpretationen der Hypothesen werden im Beweis ausgeführt; für jede Anwendung muß den Hypothesen eine physikalische Bedeutung gegeben werden, die dem betrachteten System gerecht wird und die einer exakten Formulierung zugänglich ist. In diesem Beispiel werden wir uns vor allem mit der Embryologie beschäftigen, so daß das Gebiet hier Teil eines Gewebes ist. Wir verwenden folgende Definitionen:

Homöostasie: Jede Zelle befindet sich in einem stabilen biochemischen Gleichgewicht; dieses Gleichgewicht kann sich allerdings im Laufe der Zeit verändern.

Stetigkeit: Zu Beginn des Experimentes können die chemischen, physikalischen und dynamischen Bedingungen in den verschiedenen Zellen durch eine glatte Funktion der jeweiligen Position innerhalb des Gewebes dargestellt werden. Dement-

sprechend werden benachbarte Zellen womöglich auch „benachbarte" Entwicklungen durchlaufen.

Differenzierung: Während es zu Beginn des Experimentes nur
einen einzigen Zelltyp gibt, dessen Eigenschaften höchstens
stetig variieren können, bilden sich während des Experimentes
zwei verschiedene Typen — wir nennen sie A und B — aus,
zwischen denen eine scharfe Grenze verläuft.

Wiederholbarkeit: Der Prozeß ist strukturell stabil.

Zunächst merken wir an, daß das Gebiet, in dem sich die Grenze
ausbildet, im allgemeinen zweidimensional oder dreidimensional
sein wird, während es in Wirklichkeit nur um das eindimensionale
Intervall geht, das zu dieser Grenze orthogonal ist. Bezeichnen wir
dieses Intervall mit S und das zugehörige Zeitintervall, in dem sich
die Entwicklung vollzieht, mit T, dann verläuft der gesamte Prozeß
im Raum-Zeit-Rechteck $C = S \times T$, das sich auch als natürliche
Wahl für den Kontrollraum anbietet. Wie wir weiter annehmen,
werden n Zustandsvariable benötigt, um den Zustand einer Zelle
vollständig zu beschreiben. Wir erhalten daher $R^n \times C$ als Phasenraum des Prozesses.

Unseren Annahmen entsprechend, soll jede Zelle in einem stabilen
biochemischen Gleichgewicht sein. Wir interpretieren dies durch
die Forderung, daß der Zustand jeder Zelle für jedes $(s, t) \in C$
durch einen Punkt $\mathbf{x} \in R^n$ beschrieben wird, der durch Aufsuchen
der Minima eines Potentials oder allgemeiner einer Ljapunow-
Funktion gefunden werden kann. Auf Grund dieser Hypothesen
ist es nun möglich, die Katastrophentheorie anzuwenden. Als
wesentliche Zustandsvariable x nehmen wir jene Größe, in der
die Diskontinuität auftritt. Wir werden sie als „*Morphogen*"
bezeichnen.

Bild 7-1 illustriert einen Versuch, die stationären Werte von
$V(\mathbf{x}, s, t)$ zu zeichnen. Wie wir wissen, sind die Werte entlang der
Kurve $\widehat{ab}$ stetig (Hypothese 2). Entlang AB tritt eine Diskontinuität auf (Hypothese 3). Nun geht es darum, das Bild mit einer jener
Flächen zu vervollständigen, die wir im Kapitel 4 dargestellt haben.

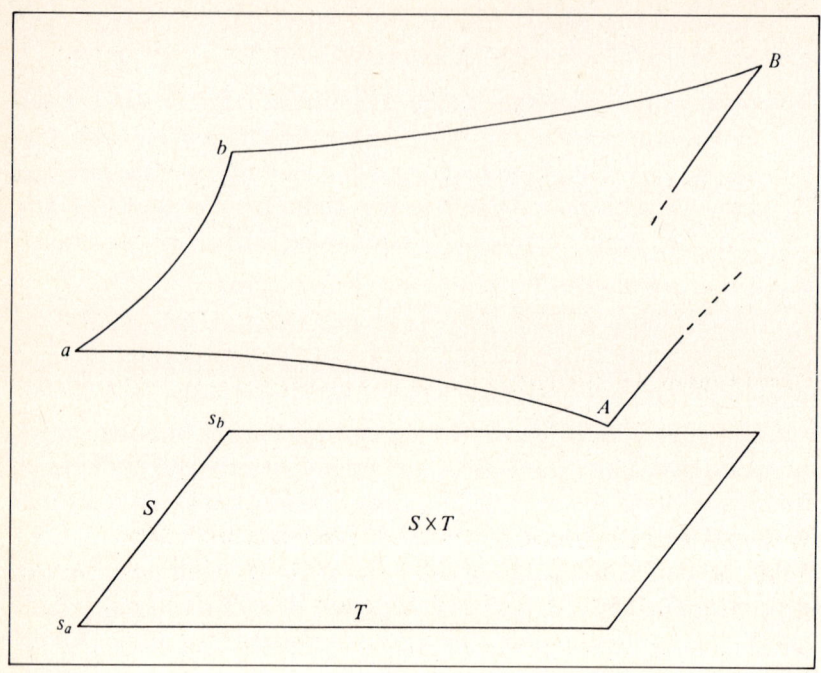

Bild 7-1

Die einfachste Katastrophe ist die Faltung, die hier aber nicht verwendet werden kann. So versuchen wir es mit einer Kuspe.

Natürlich können wir das Diagramm vervollständigen, wenn wir eine sich nach rechts öffnende Spitze zeichnen. Allerdings müssen zwei weitere Aspekte berücksichtigt werden: Zunächst soll das Potential generisch sein, daher müssen wir die Achse der Spitze exakt in die t-Richtung legen (man beachte allerdings dazu die Diskussion am Ende dieses Abschnittes). Darüberhinaus wird sich die Kuspe nach rückwärts biegen müssen, weil sich herausstellen wird, daß sich die Grenze nur auf diese Weise stabilisieren kann und daß sie anderenfalls zum entfernten Ende des Gewebes wandern wird. Diese nicht-lokale Forderung hat nichts damit zu tun, ob sich die Grenze bewegt oder nicht. Ist sie jedoch nicht

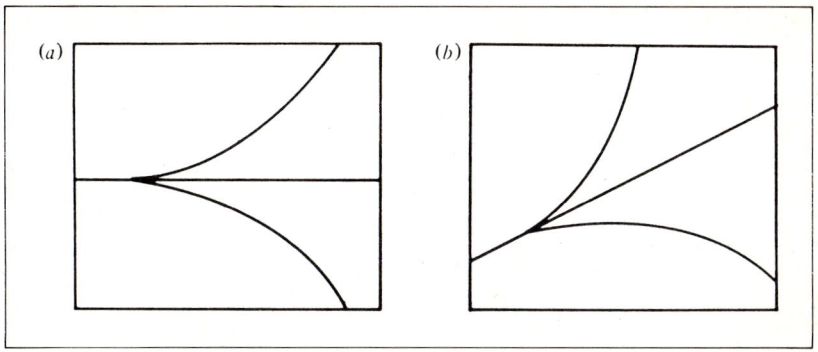

Bild 7-2 Zwei Versuche, Bild 7-1 zu vervollständigen: (*a*) nicht-generisch, (*b*) generisch

erfüllt, dann wird es am Ende des Experimentes keine Grenze geben. Daher wählen wir anstatt des einfachen Bildes 7-2a nun Bild 7-2b für die weitere Behandlung unseres Problems.

Wir haben damit das einfachst mögliche Modell (Bild 7-3) gewonnen. Untersuchen wir seine Eigenschaften. Eine Kurve auf der Fläche $\nabla_x V = 0$ und parallel zur t-Achse beschreibt die Geschichte einer ausgewählten Zelle während des Experimentes; sie gibt uns die „Weltlinie" dieser Zelle an; eine Kurve parallel zur s-Achse entspricht einem „Schnappschuß" des ganzen Gewebes zu einem festgelegten Zeitpunkt. Folgen wir einigen dieser Kurven, so können wir die gesamte Entwicklung herleiten.

Jede Zelle im Intervall $s_a < s < s_1$ entwickelt sich stetig in eine A-Zelle, jede Zelle im Intervall $s_2 < s < s_b$ entwickelt sich stetig in eine B-Zelle. Das Verhalten der Zellen im Intervall $s_1 < s < s_2$ ist anders. Sie entwickeln sich stetig, bis ihre Kontrolltrajektorie die Kuspe das zweitemal trifft — dort tritt ein plötzlicher Sprung in der Konzentration des Morphogens x ein. Dann entwickeln sie sich stetig in A-Zellen. Könnte man die Konzentration von x über das ganze Gewebe darstellen, so würde sich bis zur Zeit t_1 von einem Ende des Gewebes bis zum anderen eine kontinuierliche Veränderung ergeben. Zu diesem Zeitpunkt entsteht dann eine

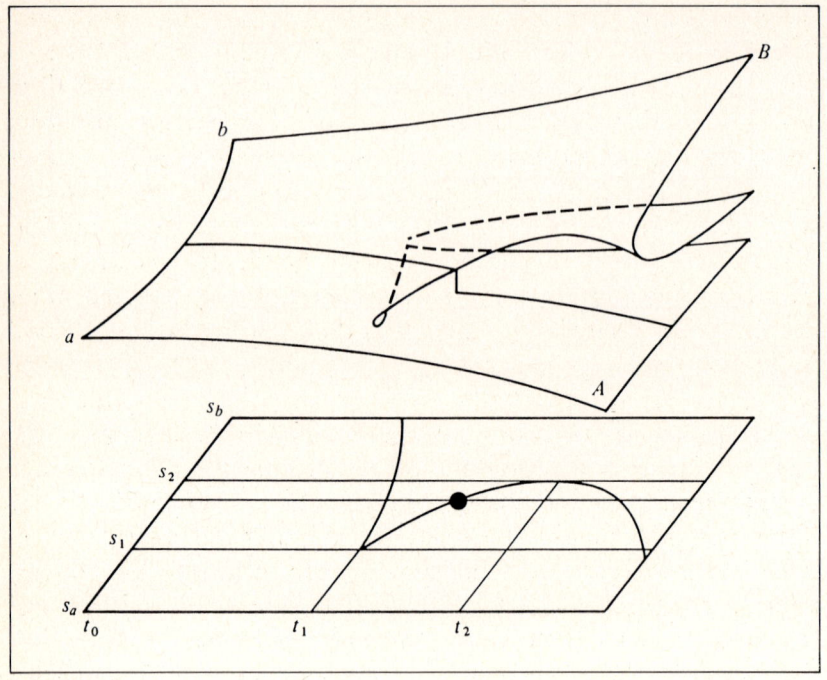

Bild 7-3

erkennbare Grenze, obgleich die Diskontinuität in der Morphogen-
konzentration zunächst ziemlich klein sein wird. Die Grenze wird
bis zur Zeit t_2 durch das Gewebe wandern und zu diesem Zeitpunkt ihre endgültige Position s_2 erreichen. Dort verharrt sie
dann und kann sich allenfalls weiter vertiefen. Damit steht das
Resultat fest; nun wollen wir seine Anwendungen untersuchen.

Die Arbeit, in der dieses Resultat erstmals publiziert wurde, trug
den Titel "Primary and Secondary Waves in Developmental
Biology". Der für uns interessante Teil dieser Arbeit beschäftigt
sich mit den frühen Entwicklungsstufen einer Amphibie. Ehe wir
den Prozeß beschreiben, werden wir allerdings erklären müssen,
was die Begriffe „primäre" und „sekundäre" Welle bedeuten.

Wir stellen uns eine Epidemie vor, die sich in einem Gebiet ausbreitet, z. B. eine Grippe, die sich durch Asien und Europa bewegt. Wir lesen in den Zeitungen davon, daß in einem Land nach dem anderen viele Menschen erkranken, und können uns auf diese Weise ein Bild davon machen, wie sich die Grippewelle — sagen wir — von Ost nach West bewegt. Aber ist es eine wirkliche Welle? Wird irgendetwas — wenn auch nur ein Signal — übertragen? Die Antwort lautet klarerweise nein. Tatsächlich läuft einige Zeit vor dem Auftreten der Symptome durch jedes der Länder eine Welle der Infektion. Diese Welle war unsichtbar, jedenfalls für das bloße Auge, aber real, weil etwas Reales übertragen wurde, nämlich der Grippevirus. Im übrigen hätte man zumindest im Prinzip die Ausbreitung der Seuche unter strenge Quarantänebedingungen aufhalten können — allerdings nur vor dem jeweiligen Eintreffen der Infektionswelle. Durch Quarantänemaßnahmen kann die Welle der Symptome nicht aufgehalten werden: Sie ist nämlich keine wirkliche Welle, sondern nur eine Reihe von Ereignissen, die voneinander unabhängig eintreten, wenn auch zu einer mehr oder wenigr festen Zeit nach dem Durchlaufen der wirklichen Welle. Bei Ereignissen von Symptom-Typ sprechen wir von sekundären Wellen, bei Ereignissen von Infektions-Typ von primären Wellen. Der offensichtlichste Unterschied liegt darin, daß durch eine Barriere zwar die primäre, aber nicht die sekundäre Welle aufgehalten werden kann. Primäre Wellen müssen natürlich nicht unsichtbar sein — die sichtbare Primärwelle des Sonnenaufganges, der sich über Amerika hinweg bewegt, verursacht die ebenfalls sichtbare Sekundärwelle von Menschen, die ihr Bett verlassen — aber nur, wenn die primäre Welle unsichtbar ist, besteht die Möglichkeit oder die Wahrscheinlichkeit, daß wir die Sekundärwelle nicht als solche erkennen.

Hinsichtlich einer vollständigen Darstellung der biologischen Details sollte der Leser die Zeemansche Originalarbeit oder ein Lehrbuch der Embryologie heranziehen. Kurz gesagt geht es um folgendes Problem: In der frühen Entwicklungsstufe einer Amphibie ist der Embryo näherungsweise kugelförmig und teilweise hohl. Dann entsteht eine als Blastoporus (Urmund) bezeichnete Öffnung.

Das Gewebe fließt daraufhin durch den Urmund ins Innere der Kugel (Einstülpung, Gastrulation). Dabei kommt es zu einem aktiven Prozeß, den Zeeman *"submerging"* (Eintauchen) nennt: Die Zellen verkleinern ihre freie Oberfläche und erhöhen jenen Anteil, der in Kontakt mit anderen Zellen steht. Dadurch verändert sich die mittlere Krümmung des Gewebes von positiv auf negativ, so daß die ursprünglich konvexe Seite der Sicht nun zur konkaven Seite werden kann.

Dieses *submerging* durchläuft das Gewebe wie eine Welle; der Punkt, an dem es eintritt, liegt fest. Da sich das Gewebe aber als ganzes bewegt, tritt das *submerging* der Zellen Schritt für Schritt ein. Nun geht es darum, den Ursprung dieser Welle zu erklären. Ist sie eine Primärwelle, dann benötigt sie ihren eigenen Kontrollmechanismus, eine Art von Signal, das durch das Gewebe läuft. Handelt es sich jedoch um eine Sekundärwelle, dann liegen die Dinge viel einfacher: Wir brauchen dann nur einen Mechanismus, der das *submerging* in einem festgelegten zeitlichen Abstand nach dem Durchgang der Primärwelle auslöst, wofür wir uns verschiedene Wege vorstellen können.

Diese Vereinfachung funktioniert allerdings nur dann, wenn wir die Primärwelle finden können. Insbesondere kommen wir nicht weiter, wenn der einzige Zweck dieser Primärwelle darin besteht, das *submerging* auszulösen — die Primärwelle muß auch noch andere Funktionen haben. Daher suchen wir nach Ereignissen, die im Embryo kurz vor der Gastrulation stattgefunden haben. Wir finden keine auf den ersten Blick wellenartigen Vorgänge, stellen aber fest, daß der ganze obere Teil des Embryos zu einem früheren Zeitpunkt undifferenziert war. Erst mit der Gastrulation trat die Differenzierung in Endoderm, Mesoderm und Ektoderm auf. Nun liegt die Vermutung nahe, daß es die weiter oben beschriebene Grenze ist, die sich als Primärwelle durch das Gewebe bewegt.

Es wäre nun nicht korrekt zu sagen, wir hätten den hier beschriebenen Ablauf bereits bewiesen; wir haben allerdings gezeigt, daß zwei scheinbar voneinander unabhängige Ereignisse sehr wahrscheinlich miteinander eng verbunden sind und durch den gleichen

Auslöser stimuliert werden. Anstatt das Signal zu entdecken, das dem *submerging* der Zellen vorangeht, wurden wir zur Suche nach der verborgenen Primärwelle der Differenzierung angeregt. Tatsächlich gibt es keine experimentellen Beweise für die Realität eines solchen Signals (Elsdale, Pearson und Whitehead, 1976; siehe auch Zeeman, 1978). Die Dinge liegen hier ähnlich wie bei der Anwendung der üblichen mathematischen Techniken: Die Theorie kann vorhersagen, was wir zu erwarten haben, und mit einigem Glück wird sie Effekte voraussagen, auf die wir allein durch Intuition nicht gekommen wären. Letztlich kann aber stets nur durch Beobachtung und Experiment entschieden werden, ob die theoretische Beschreibung richtig ist.

Wenn eine typische Welle stets mit der Entstehung einer Grenze verbunden ist, dann könnten wir annehmen, daß sich alle Wellen überhaupt ziemlich ähnlich entwickeln. Dies könnte der Schlüssel zur Erklärung einer Anzahl von Prozessen sein, die sich sonst als schwer verständlich erweisen. Ein Beispiel dafür bietet die Entstehung von Somiten, den in den früheren Entwicklungsstufen der Wirbeltiere auftretenden Ursegmenten. In den meisten Modellen für diesen Prozeß wird eine Art von „Vormuster" eingeführt: Zunächst entsteht ein im wesentlichen statisches chemisches Muster, das als Schablone für die Somiten dient. Cooke und Zeeman (1976) haben nun ein Modell vorgeschlagen, in dem die Primärwelle in jeder Zelle mit einem Oszillator in Wechselwirkung steht. Dieses Modell scheint in guter Übereinstimmung mit den Beobachtungen zu stehen und kann darüber hinaus das Phänomen der Regulation erklären (die Fähigkeit des Embryos, ungeachtet beträchtlicher Unterschiede in der Umgebung stets die richtige Anzahl von Somiten für die jeweilige Körpergröße, die in einem größeren Bereich variieren kann, zu erzeugen).

Wenn wir nun vermuten, daß sich Grenzen im Laufe ihrer Entstehung häufig bewegen, können wir uns Mechanismen überlegen, die dem Rechnung tragen. Nehmen wir z. B. an, das Morphogen werde von einer jeden Zelle gesondert erzeugt, während die in den Zellen ablaufenden biochemischen Reaktionen insgesamt jedoch alle von einer Substanz gesteuert werden, die durch die Zellwände diffundieren kann. Diese Wechselwirkung zwischen chemischer Reaktion und Diffusion kann zu oszillierenden chemischen Systemen führen — die Geschwindigkeitsgleichungen haben dann Reaktions-Diffusions-Wellen als Lösungen. Schon früher wurde postuliert, daß derartige Gleichungen in der Entwicklung von Bedeutung sein könnten. Der Grund liegt darin, daß sich die Koordinierung bestimmter Prozesse kaum erklären läßt, wenn die Kommunikation allein durch Diffusion erfolgen soll, denn Diffusion ist ein sehr langsamer Prozeß. So zeigt die Arbeit von Zeeman, daß diese bereits als wichtig erkannte Klasse von Reaktionen eine weitere und bisher unerwartete Rolle spielen kann.

Vielleicht werden wir eines Tages in der Lage sein, die Gleichungen, die die Konzentration des Morphogens regulieren, aufzustellen und zu lösen. Unsere Analyse auf der Basis der Katastrophentheorie hat uns allerdings der Notwendigkeit enthoben, auf diesen Zeitpunkt zu warten, ehe wir die Bewegung der Grenze als Erklärungsmodell für das schwierige Problem der Entwicklung heranziehen können. Und es war diese Analyse, durch die Experimentatoren angeregt wurden, nach der Welle zu suchen und auf diese Weise vielleicht den lang ersehnten Schlüssel zur Erklärung des Mechanismus zu finden.

Es gibt natürlich auch andere Situationen, in denen sich die Grenzen in Gebieten entwickeln, die ursprünglich undifferenziert waren. Da die Argumente, die wir zur Herleitung des Resultats verwendet haben, nicht von den exakten Details der Anwendung abhängen, können wir erwarten, daß sie zumindest in einigen anderen Fällen ebenfalls zutreffen. Betrachten wir etwa einen Waldrand. Im allgemeinen wird er eine scharfe Grenzlinie zwischen den Bäumen auf der einen Seite und der Wiese auf der anderen Seite zeigen. Dies kann allein auf der Basis variierender Umweltverhältnisse nur schwer erklärt werden, die sich im allgemeinen schrittweise verändern, so daß wir eigentlich eine Übergangszone erwarten müßten. Existiert eine solche Zone, dann sollte es dort zu einer Wettbewerbssituation kommen; das Gras hat die Tendenz, Samen zu ersticken, während die Bäume das Gras durch Schattenbildung eliminieren, wo sie sich entfalten können. Dieser Prozeß kann vermutlich durch eine Differentialgleichung beschrieben werden. Eine geeignete ökologische Interpretation der vier Hypothesen führt uns zur Schlußfolgerung, daß diese Waldgrenze sich ebenfalls bei ihrer Entstehung bewegen sollte (Zeeman, 1974). Es gibt nun in der Literatur (Ashton, zitiert von Poston und Stewart, 1978a) eine detaillierte Studie für solche Situationen, in der nicht nur die Bewegung der Grenze nachgewiesen, sondern auch gezeigt wird, wie sie — wenn überhaupt — parabolisch und nicht exponentiell zum Stillstand kommt.

Es wäre interessant zu wissen, wie sich die Diskussion ohne Katastrophentheorie entwickelt hätte. Sicherlich hätte man auch so festgestellt, wie sich die zwischen Ektoderm und Mesoderm entstehende Grenze bewegt, und hätte auch die Bewegung der Grenze zwischen den Bäumen und dem Gras näher untersucht; darüberhinaus hätte man mit der Zeit andere Beispiele gefunden. Nach einem entsprechenden Rechenaufwand hätten die Theoretiker in den verschiedensten Gebieten Differentialgleichungen aufgestellt, die — für jeden Fall extra und mit variierendem Genauigkeitsgrad — die Differenzierung und die Bewegung der Grenze beschrieben hätten. Vielleicht hätte dann sogar jemand festgestellt, daß das gleiche Phänomen in verschiedenen Zusammenhängen auftritt, und nach einer allgemeinen Erklärung gesucht. Schließlich wäre er möglicherweise zu dem Schluß gekommen, daß es eine große Klasse von Differentialgleichungen gibt, die zur Ausbildung von Grenzen in ursprünglich undifferenzierten Regionen führen, wobei die Lösungen dieser Gleichungen typischerweise eine Bewegung dieser Grenze vorhersagen.

Mit Hilfe der Katastrophentheorie können wir das Problem von der anderen Seite angehen. Ist ein bestimmter Effekt einer großen Klasse von Differentialgleichungen gemeinsam (vorausgesetzt, es handelt sich dabei um Phänomene, mit denen sich die Katastrophentheorie beschäftigt), dann werden wir dies wahrscheinlich von vornherein erkennen können. In der Folge werden wir die verschiedenen Individualfälle untersuchen und dabei Beispiele finden, von denen man zunächst gar nicht angenommen hätte, daß es sie gibt.

Zeemans Arbeit provozierte eine kontroverse Diskussion, vor allem um die Frage nach der Orientierung der Kuspe. Da dieser Schritt für die Resultate wesentlich ist und anscheinend nicht in natürlicher Weise aus den Hypothesen folgt, wollen wir diesen Aspekt etwas sorgfältiger untersuchen.

Zeeman folgend haben wir angenommen, daß die Achse der Kuspe nicht parallel zur t-Achse sein darf, damit das Potential $V(x, s, t)$ generisch ist. Dies ist an sich ein Standard-Argument, das auch beim Beweis einiger unbestrittener mathematischer Theoreme herangezogen wird. Trotzdem müssen wir sorgfältig untersuchen, wieweit der generische Charakter, der hier folgt, für unser Modell geeignet ist. Es kann in einem System Symmetrien geben, die die Veränderung einiger Variablen ausschließen. Dann geht es auch um die Frage der (r, s)-Stabilität (Wasserman, 1976), durch die möglicherweise nicht alle Kontrollvariablen frei „gemischt" werden können; so sind Raum und Zeit nicht immer vertauschbar.

Es ist übungshalber vielleicht interessant zu prüfen, wieweit diese Überlegungen etwas mit unserem gegenwärtigen Problem zu tun haben und welche zusätzlichen Hypothesen sie erforderlich machen. Wir werden uns allerdings hier mit solchen Fragen nicht beschäftigen, sondern mit einem viel einfacheren Einwand: Unsere Ergebnisse fordern in keiner Weise, daß sich die Grenzen (z. B. bei der Differenzierung der Keimblätter) um mehr als den winzigen Bruchteil des Durchmessers einer Einzelzelle bewegen. In diesem Fall würde man natürlich überhaupt keine Bewegung beobachten können. Darüber hinaus könnte auch die Berufung auf den generischen Charakter keine Zurückbiegung der Spitzen-Kurve erzwingen. Dies wäre aber nach unseren bisherigen Erkenntnissen notwendig, damit die Grenze zum Stillstand kommt.

Diese Schwierigkeiten lassen sich jedoch lösen: Damit wir unsere Resultate anwenden können, muß nicht bewiesen werden, daß sich alle Grenzen zu bewegen haben. Wir müssen auch nicht beweisen, daß sie sich um mehr als eine infinitesimale Distanz verlagern. Wir müssen nur demonstrieren, daß es unter den einfachsten plausiblen Mechanismen, die zur Entstehung einer Grenze führen, eine große

Klasse gibt, bei der sich eine sich bildende Grenze bewegt. Dies haben wir getan. Die Bewegung einer entstehenden Grenze ist daher für uns auch keineswegs ein so unerwartetes Phänomen, wie wir dies auf der Basis unserer Intuition hätten annehmen können. Wir sehen hier ein Beispiel dafür, wie sehr es bei der Anwendung der Katastrophentheorie darauf ankommt, sich immer wieder in Erinnerung zu rufen, was man eigentlich wirklich verstehen und erklären will.

Die Bestimmung kritischer Variablen

Unser zweites Beispiel (Bazin und Saunders, 1978) entstand aus einem Versuch, ein vernünftiges System zum Studium der Jäger-Beute-Dynamik zu konstruieren. Die Ergebnisse führten jedoch, vor allem auf der Basis einer katastrophentheoretischen Analyse, in eine ganz andere Richtung.

Das mathematische Studium der Wechselwirkung zwischen Jäger und Beute geht auf die 20er Jahre zurück, als ein italienischer Biologe, d'Ancona, feststellte, daß sich die Populationen zweier Fischarten, die im adriatischen Meer gefangen werden, von Jahr zu Jahr ändern. Diese Veränderungen schienen in keiner offensichtlichen Weise mit Veränderungen in den Umweltbedingungen zusammenzuhängen, da die Zahlen nicht gemeinsam hinauf und hinunter gingen. Stattdessen schienen die Schwankungen in der Population der größeren Spezies jenen der kleineren zeitlich zu folgen. Wie bekannt war, jagte die größere Spezies die kleinere, so daß der Mathematiker Volterra auf die Idee kam, das folgende einfache Modell zu entwickeln, das als „Lotka-Volterra-Gleichungen" bezeichnet wird:

$$\dot{H} = \alpha H - \mu H P$$
$$\dot{P} = \nu H P - \beta P$$

Hier ist H die Zahl der Beutetiere, P die Zahl der Jäger (Raubtiere). Alle griechischen Buchstaben bezeichnen Konstanten, und ein Punkt symbolisiert die Ableitung nach der Zeit. Wir setzen voraus, daß in Abwesenheit der Jäger die Zahl der Beutetiere exponentiell anwachsen wird, und daß in Abwesenheit der Beute die Anzahl der Jäger exponentiell abnehmen wird. Ferner sollen sowohl Nahrungs- durchsatz als auch Zuwachsrate der Jäger proportional zum Produkt der beiden Populationen sein. Die Gleichungen können nicht in geschlossener Form gelöst werden, die Lösungen sind jedoch, wie gezeigt werden kann, periodische Funktionen. Dabei erreicht P seinen maximalen Wert eine viertel Periode nach H.

Abgesehen von diesem scheinbaren Erfolg, gibt es begründete Zweifel, wie weit die Lotka-Volterra-Gleichungen eine gute Erklä- rung für die in der Natur beobachteten Populationsschwankungen geben. Klarerweise geben sie bestensfalls ein sehr großes Modell der tatsächlichen Wechselwirkungen zwischen den beiden Arten. Da die Gleichungen im übrigen strukturell instabil sind, wird jede Schlußfolgerung aus ihnen noch zweifelhafter. Zu diesen mathe- matischen Überlegungen kommt noch eine weitere Schwierigkeit: In der gesamten Literatur gibt es kein wirklich überzeugendes Beispiel für Oszillationen der Populationen, die ihren Ursprung in der Wechselwirkung zwischen einem Jäger und seiner Beute haben. Wo solche Oszillationen im Detail analysiert wurden, konnte im allgemeinen nachgewiesen werden, daß sie durch Ver- änderung in der Umwelt hervorgerufen werden, oder − weniger häufig − Grenzzyklen sind, die ihren Ursprung in komplizierteren Wechselwirkungen haben.

Zumindest teilweise ist das Fehlen oder seltene Auftreten von Populationsschwankungen des Lotka-Volterra-Typs einfach in der Schwierigkeit begründet, entsprechend fehlerfreie und von Um- weltschwankungen unbeeinträchtigte Daten über eine hinreichend lange Zeitperiode zu beobachten. So entschied man sich, im Laboratorium ein System aus zwei Arten von Mikroorganismen zu beobachten, die sich sehr rasch reproduzieren und in großer Zahl heranzüchten lassen. Die Kultur einer Amoebe, *Dictyostelium discoideum,* und einer von ihr gejagten Bakterie, *Escherichia coli,* wurden gemeinsam in einem als „Chemostat" bezeichneten Gefäß herangezogen. Nährflüssigkeit für die Bakterie wurde durch eine Öffnung eingelassen, während durch eine andere Öffnung Flüssig-

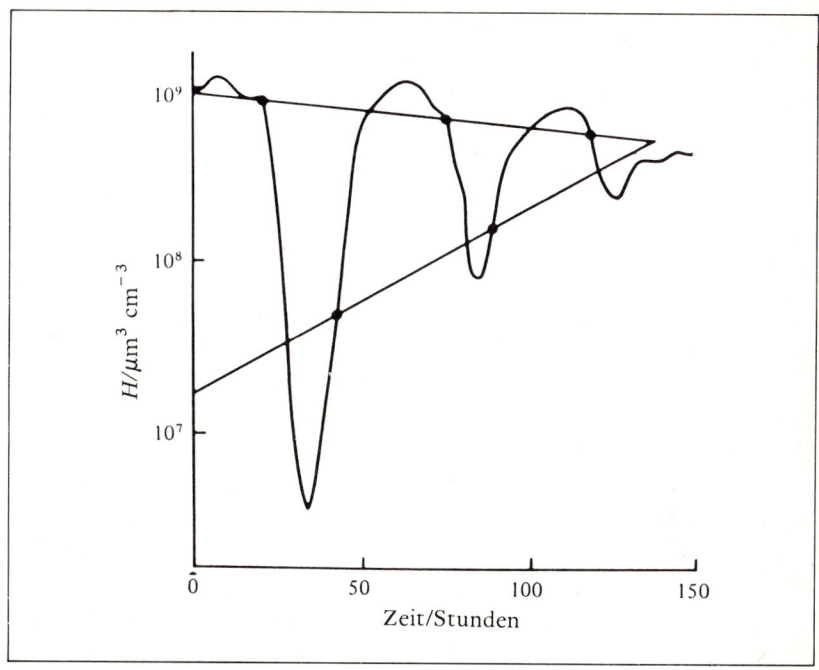

Bild 7-4 Biovolumen der Beute H, hier angegeben als Dichte des Biovolumens (d. h. bezogen auf das Volumen). Daten aus Dent et al. (1976), nach Bazin und Saunders (1978)

keit aus dem Gefäß abgezogen werden konnte. Das System hat viele technische Vorteile, für die momentane Diskussion geht es aber darum, daß eine kontinuierliche Verdünnung für beide Organismen-Arten erzielt werden konnte, wobei die Verdünnungsrate direkt proportional zu ihren Populationen war. Die Proportionalitätskonstante wird „Verdünnungsrate" genannt.

Eine typische Meßreihe ist in den Bildern 7-4 und 7-5 dargestellt. Das Verhalten des Systems kann offensichtlich nicht leicht durch ein Modell beschrieben werden, das auf den Lotka-Volterra-Glei-

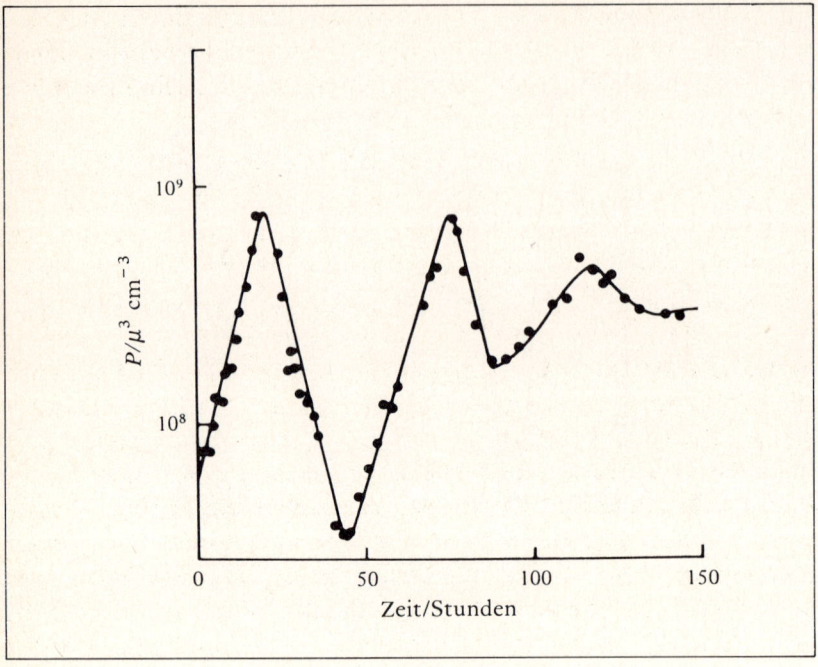

Bild 7-5 Dichte des Biovolumens der Jäger P als Funktion der Zeit. Daten aus Dent et al. (1976), nach Bazin und Saunders (1978)

chungen oder auf einfachen Modifikationen dieser Gleichungen basiert. Die augenfälligste Besonderheit zeigt der zeitliche Verlauf von P (Bild 7-5). Die Kurve ist im wesentlichen aus geradlinigen Teilen zusammengesetzt. Die Steigung dieser Kurve gibt nun die Differenz zwischen der spezifischen Amoeben-Wachstumsrate λ und der konstanten Verdünnungsrate an. Demnach bleibt λ offensichtlich über ziemlich jeweils lange Zeit-Perioden konstant (insbesondere im Vergleich mit der Generationenfolge dieser Organismen, die bei drei Stunden liegt, und wenn man bedenkt, daß in den gleichen langen Zeiträumen die Beute-Dichte um einen Faktor bis zur Größenordnung 100 zunimmt). Dann ändert sich die Amöben-Zuwachsrate λ abrupt, um einen neuen Wert anzunehmen, der trotz der großen Veränderungen in der Beute-Dichte wiederum für eine lange Zeit beibehalten wird.

Das Auftreten plötzlicher Veränderungen legt nahe, die Katastrophentheorie als geeignetes Instrument für die Analyse heranzuziehen. Dazu müssen wir zunächst eine geeignete Katastrophe auswählen und mit den Beobachtungen vergleichen. Wie im vorigen Beispiel stellt sich heraus, daß die einfachste geeignete Katastrophe die Kuspe ist, denn die Falte kann keine von Mal zu Mal kleiner werdende oder ganz verschwindenden Sprünge reproduzieren, wie sie sich bei der Fortsetzung des Experimentes ergaben. Die Zustandsvariable ist hier natürlich λ − die Diskontinuitäten treten ja in dieser Größe auf. Ganz offensichtlich ist die Biomasse H der Beute eine der Kontrollvariablen, da sie nach allgemeiner Auffassung hauptsächlich für den Wert λ bestimmend ist. Tatsächlich nehmen die meisten Untersuchungen an, daß λ ausschließlich von H abhängt. Wir allerdings benötigen eine zweite Kontrollvariable und wählen als solche die Zeit t. Diese Wahl scheint einigermaßen natürlich, insbesondere, weil zeitabhängige Schwankungen im System auftreten (die in unseren Diagrammen nicht dargestellt sind; siehe Dent, Bazin und Saunders, 1976). Unsere Festlegung der Kontrollvariablen hat eine signifikante Konsequenz: Wenn es uns gelingt, ein entsprechendes System zu konstruieren, werden wir zwar die Differentialgleichung, unter deren Einfluß es sich verändert, noch nicht kennen. Wir werden allerdings wissen, daß es sich dabei nicht um die üblichen Jäger-Beute-Gleichungen handelt, denn diese sind autonom (die Zeit t kommt als Variable nicht explizit vor).

Mit unserer Wahl der Koordinaten gibt Bild 6-4 den Kontrollraum des Systems und eine Kontrolltrajektorie an. Wir markieren die Punkte, wo die plötzlichen Veränderungen von λ auftreten und zeichnen eine Kuspen-artige Kurve, welche die Sprünge nach oben auf dem einen Zweig und die Sprünge nach unten auf den anderen Zweig verbindet. Im nächsten Schritt müssen wir einen Diffeomorphismus von den Kontrollvariablen H, t zu den kanonischen

Kontrollvariablen u, v konstruieren, der das Geraden-Paar in die Kurve $27 v^2 = 8 u^3$ umformt. Dies kann einfach durch Kurven-anpassung erreicht werden, da wir keine exakte Gleichung für die Abbildung haben.

Für die kanonische Spitzen-Katastrophe kann die Zustandsvariable x aus den Kontrollvariablen u, v durch Lösung der Gleichung

$$4 x^3 + 2 u x + v = 0$$

gewonnen werden. Wir haben Daten, die uns λ in Abhängigkeit von H und t angeben. Ferner haben wir gerade einen Diffeo-morphismus gefunden, der diese Variablen mit den kanonischen Kontrollvariablen u, v verknüpft. Wir können daher einen empiri-schen Diffeomorphismus angeben, der x und λ in Beziehung setzt. Damit haben wir eine theoretische Beziehung gefunden, die λ als Funktion von H und t darstellt. Integrieren wir nun nume-risch, so erhalten wir P als Funktion von t. In Bild 7-5 wird die resultierende Kurve mit den Beobachtungsdaten verglichen.

Dieses Ergebnis ist offensichtlich befriedigend, wobei es vor allem um die fast geraden Linien und die abnehmenden Perioden sowie Anstiege geht. Sobald das Modell diese qualitativen Eigen-schaften korrekt reproduziert, müssen wir lediglich einen Diffeo-morphismus auswählen, der x und λ miteinander verknüpft. Der Rest — also die gute numerische Übereinstimmung zwischen dem beobachteten und dem prognostizierten Anstiegswert — folgt dann sozusagen automatisch.

Das Modell hat allerdings auch unbefriedigende Eigenschaften. Wie wir feststellen können, tritt der Sprung in λ laut Bild 7-4 nicht auf, wenn die Trajektorie aus der Kuspe austritt, sondern dann, wenn sie in die Spitze eintritt. Dies ist bekanntlich keineswegs aus-geschlossen, da nicht alle Systeme der Konvention der vollständi-gen Verzögerung folgen. Wir erwarten diese Art von Verhalten jedoch nur für komplexe Systeme wie das Gehirn. Für derartige Systeme ist es gar nicht einmal unplausibel anzunehmen, es gäbe eine Art Schalter, der einen besonderen stationären Zustand immer in dem Augenblick, wo dieser erscheint, auswählt — sogar dann, wenn dabei ein Zustand höheren Potentials eingenommen wird. Aber in unserem Beispiel ist eine solche Erklärung wenig wahrscheinlich. Man könnte annehmen, daß die Amoebe die Veränderungsrate der bakteriellen Biomassen-Dichte „spüren" kann und daß sie versucht, je nach dem Vorzeichen dieser Ableitung rasch oder langsam zu wachsen. Wenn nun auf Grund der biochemischen Gleichungen nur innerhalb der Kuspe sowohl das rasche als auch das langsame Wachstum auftritt, dann ergibt sich das beobachtete Verhalten. Es erscheint aber schon einigermaßen seltsam, wenn relativ einfache Mechanismen wie die Amoeben zwei verschiedene „Schalter" brauchen, um eine einzige und grundlegende Reaktion zu steuern.

Beim Aufstellen einer konventionellen modellhaften Theorie kann es vorkommen, daß ein zunächst vielversprechendes Modell zu unbefriedigenden Schlußfolgerungen führt. Wenn dies geschieht, sucht man im allgemeinen nach einer Modifikation, die es uns ermöglicht, die Abweichung zu beheben, ohne das Modell als ganzes verwerfen zu müssen. Oft gelingt dies und wir haben dann im allgemeinen etwas mehr über das untersuchte System gelernt. Wir können das gleiche natürlich auch bei der Anwendung unserer Katastrophentheorie tun, allerdings haben wir so wenig Annahmen über das System gemacht, daß es keinen großen Bewegungsspielraum gibt. Die einzige wirkliche Freiheit, die wir bei der Konstruktion des Modells hatten (abgesehen von der Auswahl des Diffeomorphismus und der zugehörigen Kurvenanpassung), lag in der Wahl der Kontrollvariablen. Ehe wir also das Modell verwerfen oder den komplizierten zugrundeliegenden Mechanismus genauer erforschen, sollten wir noch sehen, ob wir nicht eine bessere Wahl für die Kontrollvariablen treffen können.

Die meisten Modelle des mikrobiologischen Wachstums gehen von einer spezifischen Wachstumsrate für jeden Organismus aus, die vor allem durch die Konzentration seines Nahrungsmittels bestimmt ist. Bei den Amoeben jedoch gibt es Hinweise, daß die korrekte kritische Variable die spezifische Konzentration des Nahrungsmittels zu sein, in unserem Beispiel also das Verhältnis der bakteriellen Biomasse zur amoebischen Biomasse, H/P in unserer

Notation. Um den Effekt dieser Hypothese zu untersuchen, stellen wir *H/P* als Funktion von *t* dar und markieren in diesem Diagramm die Lage der plötzlichen Sprünge in λ. Das Resultat (Bild 7-6) ist frappierend: Die ungewünschte Eigenschaft des Bildes 7-4 ist verschwunden; die Konfiguration der Sprünge ist nun mit der Konvention der vollständigen Verzögerung konsistent. Wir können das Verhalten der Amoeben jetzt ohne die Einführung zweier Schalter erklären. Die jetzige Hypothese ist also der früheren überlegen, *H/P* und nicht *H* ist die korrekte kritische Variable.

Dieses Beispiel illustriert, wie wir mit Hilfe der Katastrophentheorie aus Beobachtungen, die wir mit dem detaillierten Modell nicht in Einklang bringen können, neue Informationen erhalten. Von besonderer Wichtigkeit, insbesondere in den Biowissenschaften und in den Sozialwissenschaften, sind Verfahren, bei denen wir uns auffällige (z. B. mit Unsicherheiten behaftete) Daten zunutze

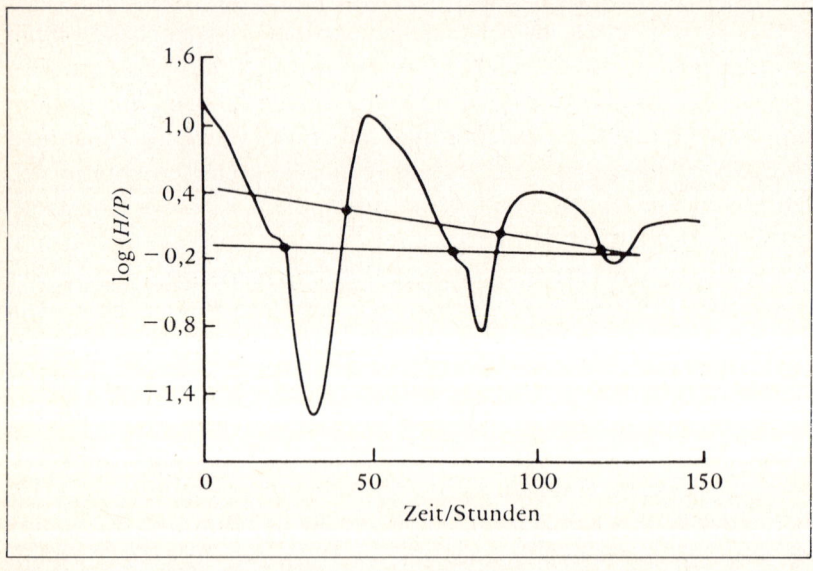

Bild 7-6 Verhältnis der Biovolumen-Dichten von Beute und Jäger, logarithmisch als Funktion der Zeit aufgetragen. Daten aus Dent et al. (1976), nach Bazin und Saunders (1979)

machen können. Wie wir aus Bildern 7-4 und 7-6 sehen, ändern kleine Fehler in den Werten von *H* oder von *H/P* und in der Lage der Peaks und Mulden von *P* unsere Schlußfolgerungen nicht. Ginge es um ein Modell mit Differentialgleichungen, so müßten wir für alle Variablen die Werte der Ableitungen kennen, die bekanntlich für Fehler in den Daten besonders empfindlich sind.

Die Stärken des Verfahrens sind in den Bildern 7-7 und 7-8 dargestellt. Sie entsprechen den Bildern 7-4 und 7-6 und stammen von

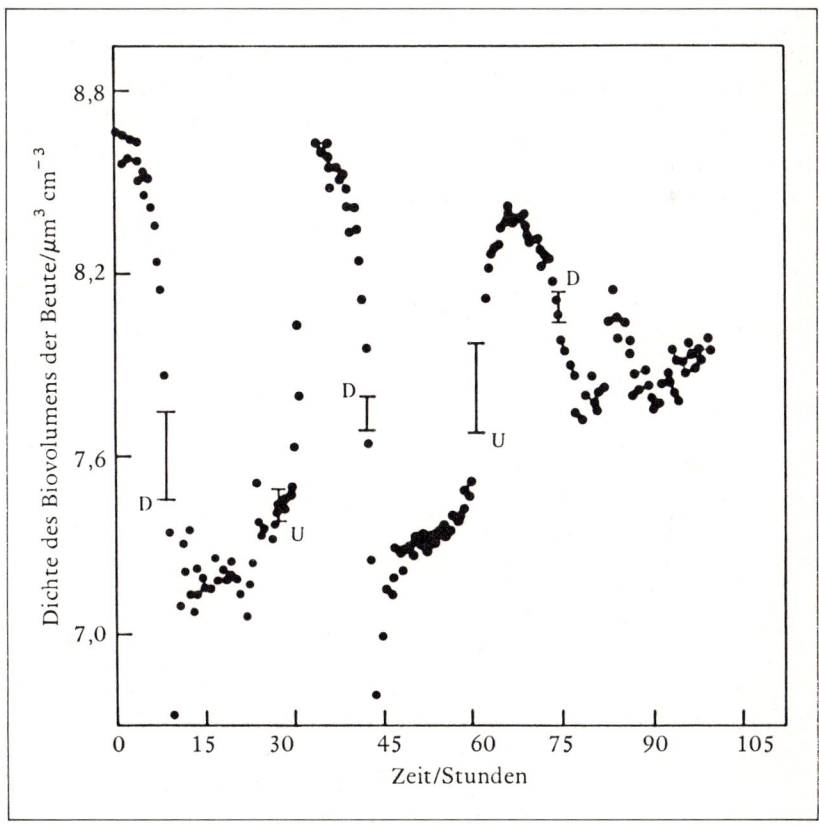

Bild 7-7 Dichte des Biovolumens der Beute (Daten aus Owen, 1979). Sprünge von λ nach oben bzw. untern sind durch die Buchstaben U (wie *up*) und D (wie *down*) auf den Fehlerbalken angegeben. Nach Bazin und Saunders (1979)

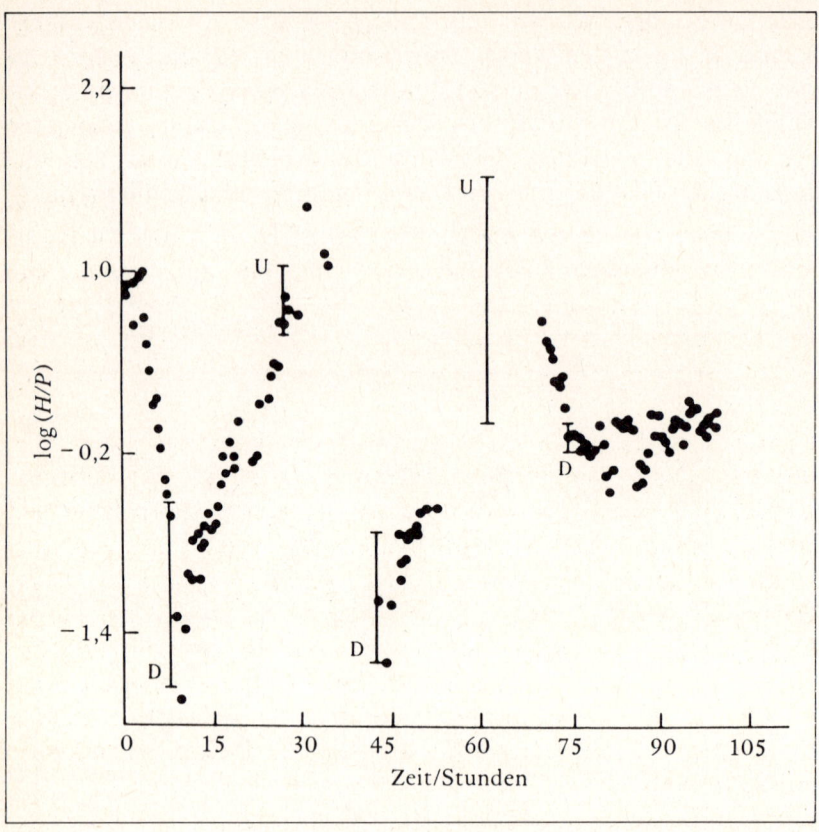

Bild 7-8 Quotient des Beute- und Jäger-Biovolumens. Daten aus Owen (1979). Nach Bazin und Saunders (1979)

einem Experiment, das für einen anderen Zweck durchgeführt wurde (Owen, 1979). Es wurden daher auch weniger Daten gesammelt, die für uns relevant sind. Es ist nicht leicht zu sehen, wie man hier mit einem Modell, das auf Differentialgleichungen beruht, weiterkommen könnte; die Katastrophentheorie führt dagegen trotz der großen Unsicherheit, mit der die Sprünge in λ lokalisiert werden können, zu einem Resultat.

Wie dies im allgemeinen bei den Anwendungen der Katastrophentheorie der Fall ist, kennen wir auch hier den Mechanismus noch nicht, durch den die spezifische Wachstumsrate der Amoeben bestimmt wird. Wir haben allerdings einen wichtigen Schlüssel gefunden; es ist dadurch viel wahrscheinlicher geworden, daß wir die Gleichungen des Systems finden, sofern wir die richtigen unabhängigen Variablen verwenden. Wichtiger ist noch, daß wir Informationen gewonnen haben, die von direktem Nutzen sind: Die plötzlichen Veränderungen in der spezifischen Wachstumsrate weisen auf eine Art von „Schalter" in den Amoeben hin. Wir wüßten nun gerne, auf welches Signal dieser Schalter anspricht. Wäre H die kritische Variable gewesen, so hätten wir nach irgendeiner Substanz suchen müssen, die von den Bakterien ausgeschieden wird; ist sie aber H/P, dann muß es sich um eine Substanz handeln, die auch durch die Amoebe modifiziert wird. Bazin und Saunders (1978) wiesen darauf hin, daß die Amoebe notwendigerweise die Folsäure modifizieren muß, wenn diese das Signal trägt. Zur gleichen Zeit berichten Pan und Wurster (1978) unabhängig davon, daß *Dictyostelium discoideum* in der Tat Folsäure desaktiviert. Ob nun Folsäure tatsächlich jene Substanz ist oder nicht ist, mit deren Hilfe die Amoeben die relative Beute-Dichte messen — dieses Beispiel illustriert jedenfalls, wie die Katastrophentheorie zu experimentell überprüfbaren Hypothesen führen kann.

In manchen Aspekten unterscheidet sich diese Anwendung von der ersten, sowohl hinsichtlich der verwendeten Argumente als auch durch unsere Schlußfolgerungen. Die beiden Resultate haben allerdings eine sehr wichtige Eigenschaft gemeinsam: Beide Aussagen beziehen sich nicht auf individuelle Modelle, sondern auf Klassen von Modellen. Im ersten Beispiel haben wir die Existenz einer großen Klasse von Modellen mit einer wichtigen, aber unerwarteten Eigenschaft hergeleitet. Im zweiten Beispiel konnten wir uns andererseits zwischen zwei Klassen von Modellen entscheiden und, wie sich herausstellte, jene Klasse ausschließen, die üblicherweise zur Beschreibung von Systemen der vorgegebenen Art verwendet wird. In beiden Fällen sind wir der Konstruktion eines Modelles (im üblichen Sinn) nähergekommen. Wir haben auch zusätzliche Erkenntnisse über das System gewonnen, die wir bei den weiteren Untersuchungen heranziehen können, ohne auf eine endgültige Klärung für den Mechanismus zu warten, der dem System zugrundeliegt. Für diese Zwecke werden manchmal auch phänomenologische Modelle (im allgemeinen sind es Ad-hoc-Gleichungen) herangezogen. Die Analyse auf der Basis der Katastrophentheorie hat jedoch den großen Vorteil, daß die Schlußfolgerungen wesentlich „widerstandsfähiger" sind, weil sie nicht mit einer speziellen Wahl des Modells stehen oder fallen.

8
Morphogenese

Eines der interessantesten — und schwierigsten — Probleme in der Biologie ist die Erklärung des Entwicklungsprozesses, der von einem befruchteten Ei über den Embryo zu einem voll ausgebildeten Organismus führt. Und ein wichtiger Aspekt dieser Entwicklung ist die Morphogenese, also die Entstehung der verschiedenen Formen, die für den Organismus und seine Bestandteile charakteristisch sind. Natürlich tritt das Problem der Form und des Aufeinanderfolgens von Formen auch in anderen Zweigen der Wissenschaft auf, aber für die Entwicklungsbiologie ist die Morphogenese besonders wesentlich. Wie kann sich aus einer einzigen Zelle ein ganzer Organismus entwickeln, der im wesentlichen mit allen anderen Organismen der Spezies übereinstimmt? Wie kann dies geschehen, wo doch die verschiedenen Individuen einer Spezies beträchtliche Unterschiede in ihrer Größe und in bestimmten Details ihrer Gestalt aufweisen? Und wieso ist dieser Prozeß so stabil, wieso läßt er beträchtliche Veränderungen in der Umwelt zu und ist gegen so viele Störungen (wenn auch nicht alle) resistent?

Wenn wir eine Antwort auf diese Fragen suchen, müssen wir zunächst einmal exakt definieren, was das wesentliche an diesem Entwicklungsprozeß ist. Um die Sprache aus den früheren Kapiteln dieses Buches zu verwenden: Was meinen wir, wenn wir sagen, zwei Individuen sind „von der gleichen Form"? Natürlich kann man keine vollkommen befriedigende Definition geben, doch ist die mathematische Beziehung, die das wesentliche an der Idee fast genau trifft, durch den Begriff der *topologischen Äquivalenz* gegeben. Wir können dies präzisieren, wenn wir weiter fordern, daß der Homöomorphismus die Gewebearten respektieren muß; wir beschränken uns damit auf eine Klasse von Homöomorphismen, für die beispielsweise ein Krapfen auch dann nicht einer Kugel äquivalent ist, wenn wir das Loch mit Marmelade füllen.

Nun sind auch in diesem eingeschränkten Sinn keine zwei Menschen streng homöomorph, weil jeder von uns eine verschiedene Anzahl von Poren in der Haut und Haare auf dem Kopf hat. Abgesehen davon ist die topologische Äquivalenz — auch auf einem diese Einwände berücksichtigenden und hinreichend undetaillierten Niveau — noch immer nicht ausreichend, um die Problematik darzustellen. Es kommt auch auf die Geometrie an; grob gesprochen haben alle Menschen einigermaßen ähnliche Proportionen, die uns von anderen Primaten unterscheiden, auch wenn sie uns topologisch ziemlich nahe kommen mögen. Alle Menschen zeigen (wie die anderen Individuen einer Art) beim Vergleich ihrer Größen- und Formvariationen jedenfalls eine beachtliche Konstanz in der Anzahl der Knochen, der Muskel, der inneren Organe und der anderen Komponenten samt ihren Verbindungen. Die Geometrie kann also nicht vollständig vernachlässigt werden. Trotzdem ist die Kontrolle durch die Topologie strenger, daher ist sie auch für die Entwicklung grundlegender.

Eine Bestätigung dieser Idee finden wir in D'Arcy Thompsons klassischem Buch *"On Growth and Form"* (D'A. W. Thompson, 1917). Jeder, der dieses Buch gelesen hat — und dies können wir nur empfehlen — wird von dem Kapitel über die „Theorie der Transformationen" beeindruckt sein. Dies gilt insbesondere für die berühmten Illustrationen, die wir in den Bildern 8-1 bis 8-4 auszugsweise wiedergeben. D'Arcy Thompson legte nämlich über verschiedene Fischspezies ein rechtwinkeliges Koordinatengitter und führte dann Transformationen durch, die wir als Diffeomorphismus bezeichnen würden. Dadurch konnte er zwischen drei verschiedenen — wenn auch verwandten — Fischarten eine beachtliche Ähnlichkeit feststellen. Ähnliche Transformationen lassen sich für eine Anzahl anderer Beispiele gewinnen, insbesondere auch für die Schädel von Primaten und anderen Säugetieren oder

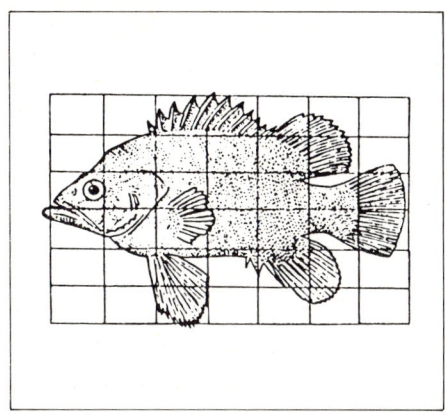
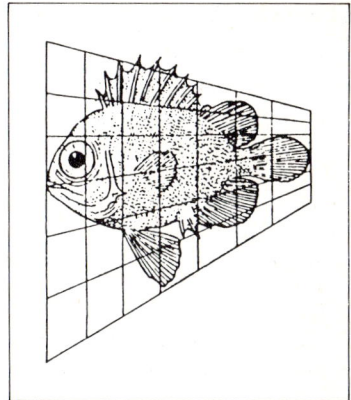

Bild 8-1 *Polyprion.* Aus D'Arcy Thompson (1961)

Bild 8-2 *Pseudopriacanthus altus.* Aus D'Arcy Thompson (1961)

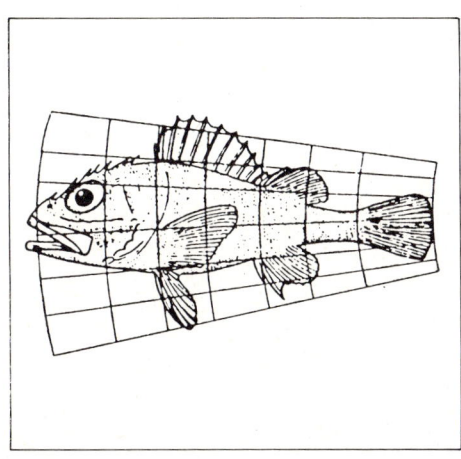
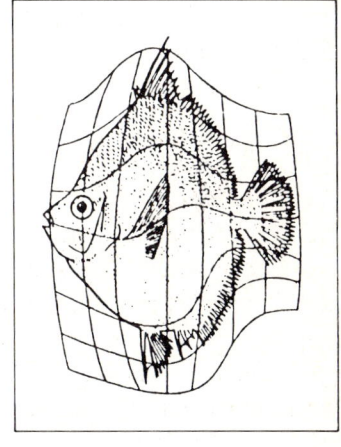

Bild 8-3 *Scorpaena sp.* Aus D'Arcy Thompson (1961)

Bild 8-4 *Antigonia capros.* Aus D'Arcy Thompson (1961)

für die Becken fossiler Vögel und den Rückenschild verschiedener Krabben. So ergibt sich eine starke Evidenz für die Erkenntnis, daß die Topologie das grundlegende Instrument ist, während die Geometrie später hinzukommt und daher auch für die Veränderungen während der Evolution empfänglicher ist.

Aber wie kann die Topologie spezifiziert werden? Wie man feststellen kann, entsteht die Morphogenese nicht einfach durch die Anordnung korrekt ausgewählter Zellen in den geeigneten Positionen. Tatsächlich wird sich beispielsweise eine Leberzelle später immer wieder nur in zwei Leberzellen teilen, aber im Frühstadium, wenn sie gebildet werden, sind Zellen noch nicht vollständig *determiniert*. Sie können sich eine Zeit lang in eine Anzahl verschiedener Endtypen fortbilden. Wir können dies zeigen, indem wir Zellen von einem Teil eines Embryos in einen anderen verpflanzen. Diese Zellen werden sich dann so entwickeln wie ihre neuen Nachbarn und nicht wie die Zellen ihrer ursprünglichen Region (siehe Bellairs, 1971).

Man weiß nicht genau, wie das Schicksal einer einzelnen Zelle festgelegt wird, aber klarerweise gibt es Wechselwirkungen zwischen benachbarten Zellen und physikalische oder chemische Gradienten innerhalb des Embryos. Viele Forscher haben mit Hilfe dieser Gradienten zu erklären versucht, wie es zu den verschiedenen Entwicklungsprozessen kommt. Ihre Modelle unterscheiden sich in mancher Hinsicht, sie gehen aber alle davon aus, daß die Gradienten dafür verantwortlich sind, wenn sich nicht alle Zellen in der gleichen Weise entwickeln. (Wie wir uns in Erinnerung rufen können, haben alle Zellen die gleiche genetische Information, sieht man von den Gameten — den Keimzellen — ab.)

Gehen wir von dieser grundlegenden Idee aus und nehmen wir weiter an, daß die Zellen auch in der Lage sind, die Zeit zu messen, weil in ihnen zeitabhängige Veränderungen vorgehen. Wie wir für den Augenblick ferner annehmen wollen (so wie für Zeemans Beitrag zur Grenzbildung, die wir im Kapitel 7 besprochen haben), möge das Schicksal jeder Zelle durch eine besondere Substanz festgelegt werden, die wir Morphogen nennen und deren Konzentration durch die Gleichgewichtszustände eines Satzes gewöhnli-

cher Differentialgleichungen beschrieben werden. Die Gleichgewichtszustände selbst werden von einer Anzahl von Parametern
abhängen, doch gibt es nur vier unabhängige Gradienten (drei
räumliche und einen zeitlichen), und wir haben daher höchstens
vier unabhängige Kontrollvariable.

Wir bewegen uns nun auf vertrautem Boden. Größtenteils werden
die Variationen in der Morphogen-Konzentration und daher auch
in den beobachtbaren Eigenschaften der Zellen stetig sein. Es wird
allerdings Werte der vier Kontrollvariablen geben, für die mehrere
Gleichgewichtszustände möglich sind. Auf diese Weise können
wohldefinierte Grenzen zwischen verschiedenen Gewebearten
entstehen, aber auch zwischen Gewebe und „nichts" (Gebiete,
die leeren Zuständen entsprechen). Wie sich zeigt, wird die Struktur
der Formen in der Umgebung eines Raum-Zeit-Punktes von Elementarkatastrophen mit einer Kodimension nicht größer als vier
bestimmt.

Dabei haben wir, so wie seinerzeit bei unserer Einführung in die
Katastrophentheorie, die Bedingungen schärfer formuliert, als dies
nötig ist. Wie z. B. gezeigt werden kann, pflanzen sich die Singularitäten für eine große Klasse partieller Differentialgleichungen
(inklusive der Wellengleichung) wie Elementarkatastrophen fort
(Guckenheimer, 1973). Ein Beispiel dafür haben wir bereits kennengelernt, als wir die Entstehung von Kaustiken im Rahmen der
geometrischen Optik untersuchten. Wir haben damals nämlich mit
den Charakteristiken der Wellengleichung gearbeitet. Thom verwendet diese Idee in seinem Buch und drückt viele seiner Argumente mit Begriffen wie „Wellenfront" und „Schockwelle" aus. Er
schreibt aber auch über einen allgemeineren Zugang, den er „meta-
bolisches Modell" (Modell der Formveränderung) nennt. Dabei
wird der Gleichgewichtspunkt eines Systems gewöhnlicher Differentialgleichungen durch das allgemeinere Konzept eines dynamischen Anziehungszentrums ersetzt. Vorläufig ist es jedoch vorteilhaft, die gleiche Taktik wie früher zu verwenden: Wir denken in
den Begriffen eines Potentials, auch wenn wir wissen, daß unsere
Resultate für eine viel breitere Klasse von Problemen anwendbar
sind. Wie groß diese Klasse ist, wissen wir andererseits sicher noch
nicht.

Nun stellen wir die Morphologien zusammen, zu deren Entstehung jede der sieben Elementarkatastrophen führen kann; wir folgen dabei Thom (1970). In den meisten Fällen wird die Maxwell-Konvention anzuwenden sein, sofern wir sie ausschließlich dazu verwenden, zwischen endlichen Anziehungszentren zu entscheiden. Gibt es, wie so häufig, auch im Unendlichen ein globales Minimum des Potentials, so müssen wir eine Form der Verzögerungs-Konvention anwenden, weil wir sonst auf nähere Lösungen eingeschränkt wären.

Die Elementarkatastrophen und die zugehörigen Morphologien

Die Falte. Der Kontrollraum ist die reelle Gerade. Links vom Ursprung gibt es ein stabiles Gleichgewicht, rechts keines. Interpretieren wir die einzige Kontrollvariable als räumlich, dann stellt die Falte eine Begrenzung dar; nehmen wir die Zeit als Kontrollvariable, dann repräsentiert die Falte einen Anfang oder ein Ende.

Die Kuspe. Je nach der gewählten Konvention liefert uns die Kuspe eine Falte oder eine Verwerfung (wie in der Geologie; siehe Bild 8-5). Wählen wir als eine der Kontrollvariablen die Zeit, so steht die Kuspe für einen Trennungs- bzw. Vereinigungsvorgang oder für eine Veränderung.

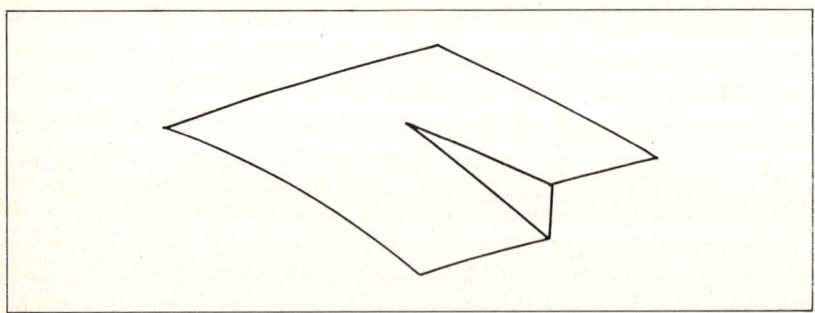

Bild 8-5 Eine Faltung

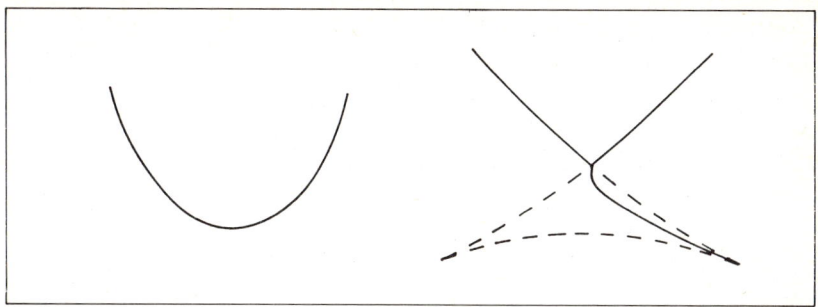

Bild 8-6 Die Bildung einer Spalte

Der Schwalbenschwanz. Wie wir in Kapitel 4 gesehen haben, teilt für $u > 0$ der Schwalbenschwanz die v-w-Ebene in zwei Gebiete, eines mit einem einzigen stabilen Gleichgewicht und eines ohne Gleichgewicht. Für $u < 0$ entwickelt sich im ersterwähnten Gebiet eine Kuspe, die dort einen Trennungsvorgang hervorruft (Bild 8-6). Der Schwalbenschwanz kann daher als Spalte oder Furche interpretiert werden. Steht u für die Zeit, so ergibt sich die Wirkung einer Spaltung oder eines Risses.

Der Schmetterling. Der interessante Fall ergibt sich für einen negativen Schmetterlingsfaktor t, weil wir sonst lediglich eine Kuspe erhalten. Nehmen wir dann den Verschiebungsfaktor als Zeit, so ergibt sich die in Bild 8-7 dargestellte Abfolge. Diese Folge ist schwer direkt zu beobachten, weil sie ja vorübergehend ist, sie kann jedoch beim Durchgang durch ein geeignetes Material Zellen hinterlassen, die mit einer vertikalen Teilung verknüpft sind (Bild 8-8). Der Schmetterling kann räumlich als Tasche interpretiert werden, während die zeitliche Interpretation dem Geben oder Erhalten, dem Füllen oder Leeren einer Tasche entspricht.

Die elliptische Umbilik. Es gibt nur ein stabiles Gleichgewicht, und die Begrenzung des zugehörigen Gebietes ist in Bild 8-9 dargestellt. Sind alle Variablen räumlich, so stellt die elliptische Umbilik eine punktartige Struktur dar, wie etwa eine Nadel

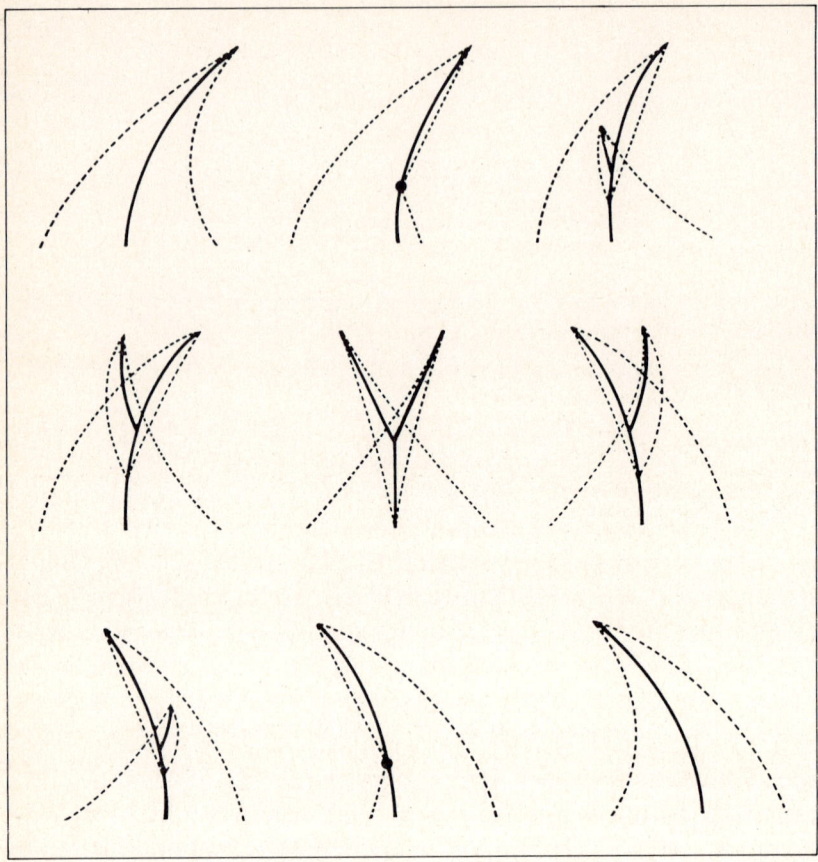

Bild 8-7 Die Bildung einer Tasche

oder ein Haar. In der räumlichen Interpretation ergibt sich das Bohren oder Füllen eines Loches. Sie kann auch einen Flüssigkeitsstrahl darstellen, jedoch wegen der Kuspen nicht im Rahmen einer stabilen hydrostatischen Konfiguration; in der Biologie kann die Form durch lokale Prozesse stabilisiert werden.

Die hyperbolische Umbilik. Auch hier gibt es wieder nur ein einziges stabiles Gleichgewicht. Die Begrenzung des zugehörigen

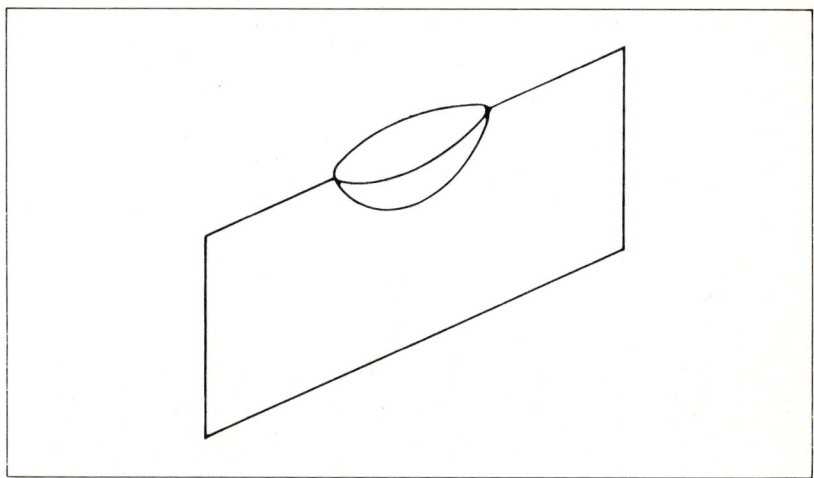

Bild 8-8 Eine Tasche

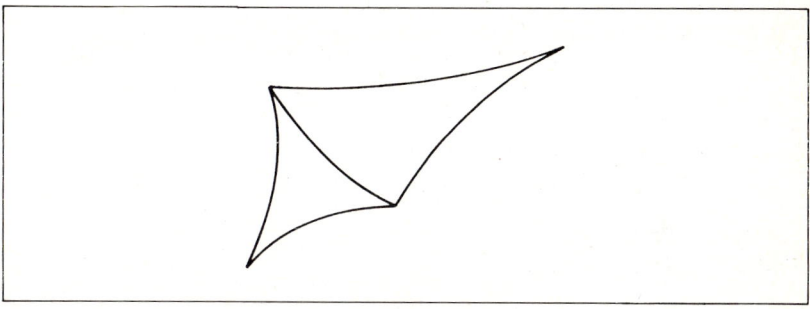

Bild 8-9 Die Begrenzung des einzigen nicht-leeren Gebietes der elliptischen Umbilik

Gebietes ist durch Bild 4-9 gegeben, die drei Querschnitte sind in Bild 8-10 gezeigt. Nehmen wir w als Zeit und interpretieren wir diese Skizzen als aufeinanderfolgende Querschnitte einer Welle, so können wir erkennen, wie sich der Wellenrücken mehr und mehr

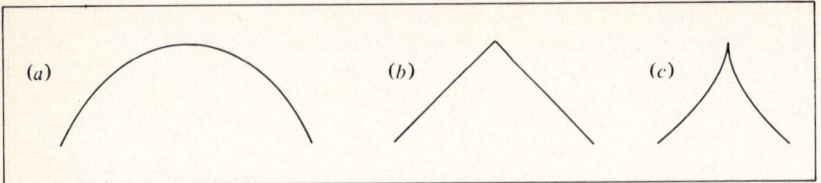

Bild 8-10 Querschnitte des einzigen nicht-leeren Gebietes der hyperbolischen Umbilik, (*a*) $w < 0$, (*b*) $w = 0$ und (*c*) $w > 0$

zuspitzt, bis sich tatsächlich ein Scheitelpunkt ergibt (Bild 8-10b) und die Welle bricht. Nebenbei bemerkt, es gibt Diskussionen darüber, wie weit diese Beschreibung der Brandung am Strand wirklich gerecht wird. Der beschriebene Vorgang kann jedoch klarerweise bei dem „symmetrischen Brechen" von Wellen beobachtet werden, das häufig auf dem offenen Meer auftritt.

Die hyperbolische Umbilik kann auch als Bogen interpretiert werden oder, wenn wir w als Zeit nehmen, als Kollaps oder Sturz in einen Abgrund.

Die parabolische Umbilik. Wir haben keine vollständige Beschreibung der Geometrie dieser Katastrophe angegeben und können daher auch ihre Interpretationen nicht detailliert darstellen. Andererseits lassen uns die Konfigurationen in Bild 4-14 erkennen, daß die parabolische Umbilik räumlich als (beispielsweise) Pilz oder Mund oder zeitlich als Öffnen oder Schließen eines Mundes sowie als Durchbohren, Herausstoßen oder Werfen interpretiert werden kann.

Zu diesem Satz von Katastrophen, die wir als Bausteine für die Konstruktion unserer morphogenetischen Modelle auffassen können, müssen noch einige weitere Formen hinzugefügt werden. Zunächst das einfache Minimum x^2, das als Objekt oder als Andauern interpretiert werden kann. Dann gibt es die Katastrophen „Lippen" und *„bec-à-bec"*, die uns in Kapitel 4 als dreidimensionale Versionen der Kuspe begegnet sind. Thom nimmt in seine Liste auch die Grenzen auf, durch die zwei oder mehrere unab-

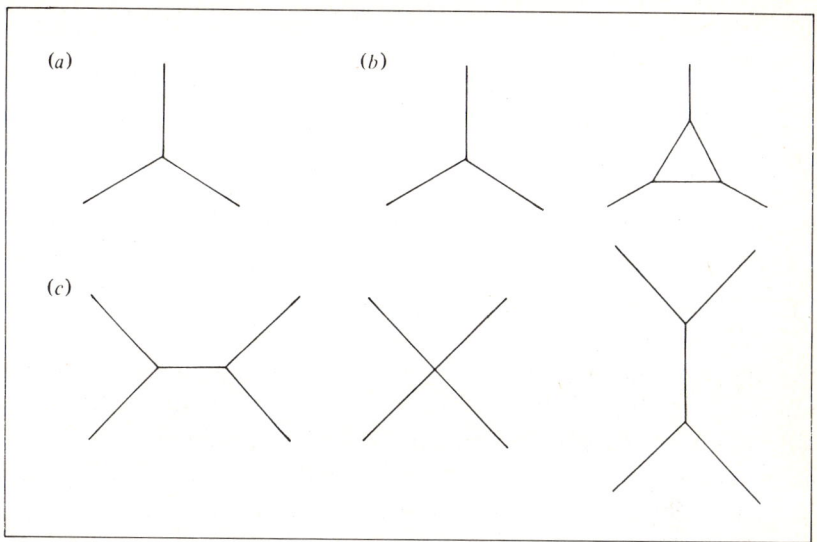

Bild 8-11   Morphologien, die sich für mehr als ein Organisationszentrum bilden. (*a*) Konflikt dreier Attraktoren; (*b*) und (*c*): mögliche Übergänge, die durch den Konflikt von Attraktoren entstehen.

hängige Attraktionszentren getrennt werden, beispielsweise eine Gerade (im Falle zweier Zentren) oder die sechs in Bild 8-11 dargestellten Konfigurationen. Die erste dieser Konfigurationen entsteht durch die Konkurrenz dreier Attraktionszentren und kann sowohl bei der Zellteilung als auch bei der Machschen Reflexion in der Gasdynamik beobachtet werden. Die Morphogenese stellt sich damit als Ergebnis eines Konfliktes dar, sei es von verschiedenen Attraktionszentren oder von verschiedenen Gebieten des gleichen Zentrums. Thom (1972) unterstreicht dies mit folgendem Heraklit-Zitat: „Man sollte wissen, daß der Krieg universell ist, daß der Kampf gerecht ist und daß alle Dinge durch Kampf und Zwang entstehen.“

Anwendung der Theorie

Es ist ein Unterschied, ob man diskutiert, wie die Katastrophentheorie möglicherweise zum Studium der Morphogenese beigetragen hat, oder ob man die Katastrophentheorie konkret an-
wendet.

Unsere bisherigen Ausführungen berechtigen uns keinesfalls, das
Anwendungsproblem als halbswegs gelöst zu betrachten, oder etwa
anzunehmen, die Entwicklungsbiologen müßten nun nichts mehr
anderes tun, als an Hand unserer Liste der sieben Elementarkatastrophen die Embryonen mit ihren Mikroskopen genügend sorgfältig untersuchen.

Zunächst einmal ist die elementare Katastrophentheorie wahrscheinlich nicht ausreichend. Wie Thom selbst ausführt, können
die meisten unserer Beobachtungen nur im Rahmen von Konzepten
behandelt werden, die er selber *„verallgemeinerte Katastrophen"*
nennt und die noch nicht wirklich verstanden werden. Bei den
verallgemeinerten Katastrophen geht es im wesentlichen um
folgende Idee: Ein Attraktor (Anziehungszentrum), der zu einer
bestimmten Zeit die Ereignisse in einem gewissen Gebiet ausschließlich bestimmt, wird durch eine Zahl neuer Zentren ersetzt,
von denen jeder einen Teil des ursprünglichen Gebietes D beherrscht. Was dann geschieht, läßt sich nicht leicht vorhersagen,
hängt aber jedenfalls von der Kodimension der neuen Phasen ab:
Das Gebiet kann sich in Klumpen (oder dual dazu zu Blasen) oder
in dünne Bänder und Fasern auflösen, wobei die letzteren beiden
im allgemeinen nur in der Biologie auftreten. Als schönes Beispiel
für eine verallgemeinerte Katastrophe kann uns das Auftreffen
eines Tropfens auf eine Flüssigkeitsoberfläche (Bild 8-12) dienen.
Sehr auffällig ist die Ähnlichkeit zwischen den dabei entstehenden
Formen und der Gestalt eines Hydroidpolypen (Bild 8-13).

Abgesehen von den mathematischen Schwierigkeiten ist das Auftreten verallgemeinerter Katastrophen ein sehr komplizierter
Prozeß, da eine große Anzahl von Vorgängen parallel abläuft und
die Strukturen sehr oft durch die Kombination verschiedener

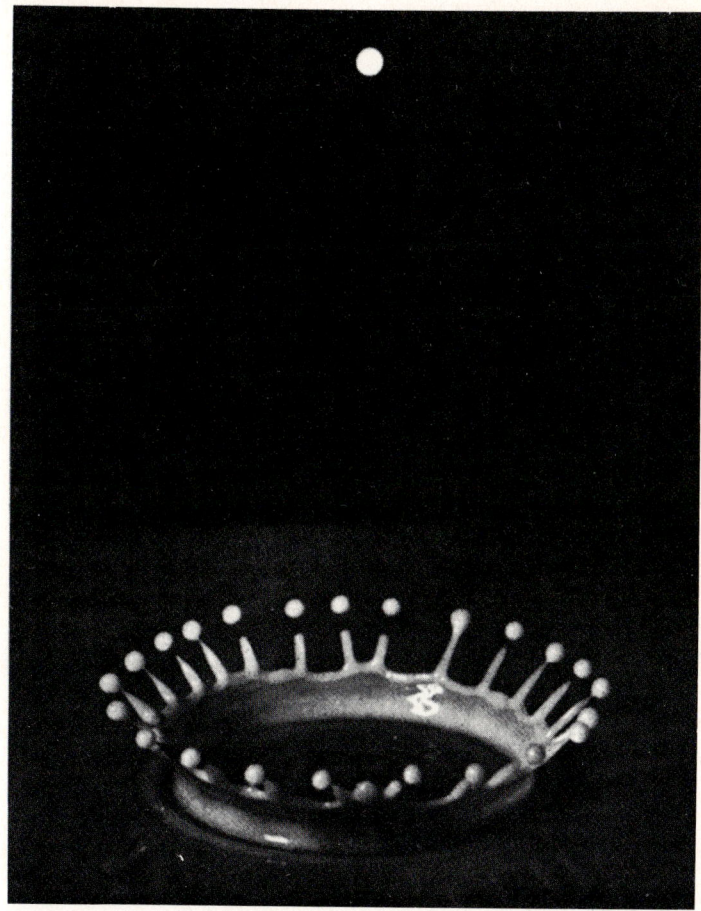

Bild 8-12 Ein Tropfen fällt auf eine Flüssigkeitsoberfläche. Nach D'Arcy Thompson (1917)

Effekte entstehen. Wir dürfen z. B. nicht vergessen, daß Zellen während der Entwicklung wandern können. Um diese Überlegungen etwas genauer darzustellen, betrachten wir die Behandlung (Thom, 1973) zweier verschiedener Ereignisfolgen, die im Zusammenhang mit einer Differenzierung auftreten können.

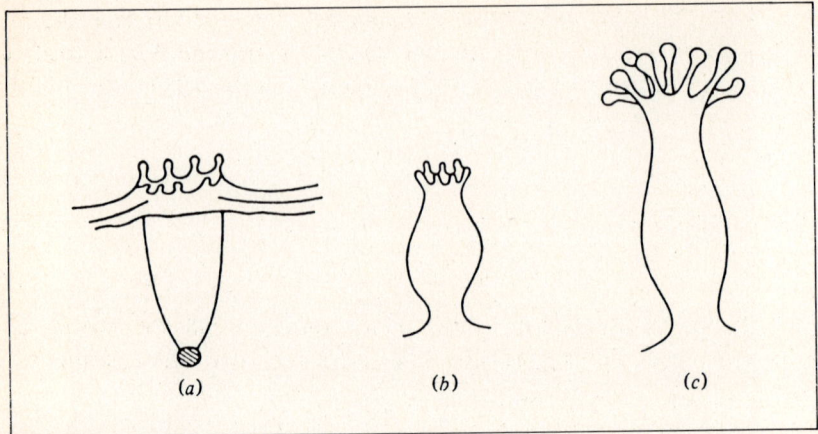

Bild 8-13 Vergleich eines Hydroidpolypen (c) mit weiteren Phasen eines auftreffenden Tropfens [(a) und (b)]. Nach D'Arcy Thompson (1917).

Wir beginnen mit der Trennung von Ektoderm und Endoderm bei einem Hühner-Embryo. Folgen wir unserer Liste, so kann die Trennung durch eine Kuspe beschrieben werden. Es gilt

$$V = x^4 + ux^2 + vx.$$

Zunächst werden wir u als Zeit und v als Außen-Innen-Gradienten betrachten. In der Folge wird dann der Gradient durch die ablaufenden Reaktionen beeinflußt werden, er kann daher auch nicht länger als Kontrollvariable dienen. So müssen wir uns entscheiden, wie wir diese Potentialänderung darstellen. Das einfachste wäre, einfach v als Zustandsvariable heranzuziehen. Damit aber reduziert sich der quadratische Teil von $V(x, v)$ auf $ux^2 + vx$ und der Wert der Hesseschen Matrix am Ursprung beträgt -1, so daß es keine Entartung gibt. Dies ist durchaus willkommen, wenn wir eine sich nicht verändernde Wesenheit untersuchen. Aussagen über die nächste Formveränderung können wir so jedoch nicht bekommen.

Die nächste einfache Modifikation des Potentials ergibt sich mit

$$v = \hat{v} + y,$$

wobei $\hat{v}$ ein von außen bestimmter Beitrag zum Außen-Innen-Gradienten ist, während y für den lokal bestimmten Beitrag steht. Aber auch so kommen wir — aus dem gleichen Grund — nicht weiter. Setzen wir nun

$$v = \hat{v} + y^2,$$

so ergibt sich

$$V(x, y) = x^4 + xy^2 + ux^2 + vx + sy^2 + ay.$$

Die beiden letzten Terme wurden hinzugefügt, um den Ausdruck zu stabilisieren, den wir als parabolische Umbilik wiedererkennen.

Dieses Potential ist unter der Transformation

$$y \mapsto -y,$$
$$a \mapsto -a$$

invariant. Ist a der mittel-seitliche Gradient, so wird folglich in dem Embryo eine bilaterale Symmetrie auftreten. Wir erhalten damit folgenden möglichen Grund für das häufige Auftreten bilateraler Symmetrien in Organismen: Sie entsprechen einer Situation, die in frühen Entwicklungsstadien den einfachsten Weg darstellt. Wir vervollständigen das Bild und führen einen neuen Parameter s ein, der entlang der Wirbelsäule variiert und im Hensenschen Knoten verschwindet. Dadurch wird die Umbilik am Kopfende elliptisch und am Schwanzende hyperbolisch.

So haben wir anscheinend eine gute Beschreibung des Vorganges entwickelt und erkennen, daß es möglicherweise vorteilhaft ist, die Trennung von Ektoderm und Endoderm gemeinsam mit (nicht unabhängig von) der Entwicklung der *Chorda dorsalis* zu betrachten. Aber dies ist natürlich nicht unbedingt die richtige Erklärung der Geschehnisse. Es handelt sich nicht einmal um die einzige Morphologie, die auf Grund der Katastrophentheorie aus einer Trennung entstehen könnte.

Ein zweites nicht-triviales Verfahren zur Berücksichtigung von v in der lokalen Formveränderung ergibt sich einfach durch $v = y^2$. Wir erhalten damit eine plötzliche Veränderung im Gradienten, die zwar weniger natürlich erscheint als unser obiges Ergebnis, die sich aber doch einstellen kann, wenn ein lokales Anziehungszentrum $y = z =$ im Raum der inneren Variablen (anfänglich war x die einzige wesentliche Variable) einer Hopf-Bifurkation (Kapitel 5) unterworfen ist und ein kleiner anziehender Kreis um den Ursprung entsteht. Der Radius dieses Grenzzykels wird im allgemeinen von x abhängen, wir bezeichnen ihn daher mit $r(x)$.

In der y-z-Ebene werden nun alle Trajektorien nichts anderes als Spiralen sein, die sich dem Kreis von innen oder von außen nähern. Die nicht-wesentliche Variable z können wir in der üblichen Weise durch Projektion auf die y-Achse eliminieren. Es treten zwei stabile kritische Punkte bei $\pm r(x)$ auf. Als Ljapunow-Funktion für den Fluß steht

$$F = [y - r(x)]^2 \, [y + r(x)]^2.$$

Die einfachste Wahl für $r(x)$, durch die F ein Polynom wird, lautet $r(x) = \sqrt{x}$. Wir kommen damit zum Potential einer Doppelkuspe

$$V(x, y) = x^4 + ux^2 + y^4 + \lambda xy^2.$$

Um dies zu stabilisieren, müssen wir Terme in x, y, xy, y^2, x^2y und x^2y^2 hinzufügen. Damit erhalten wir aber acht Entfaltungsparameter, während die Grenze für eine stabile Morphologie in der Raum-Zeit bei vier liegt.

Angenommen, unser System habe nun eine bilaterale Symmetrie. Dann brauchen wir nur gerade Potenzen von y in die Entfaltung von V aufzunehmen und können die Kodimension auf fünf reduzieren. Es handelt sich dabei um die algebraische Kodimension; die topologische Kodimension, auf die es hier ankommt, ist vier, so daß die zugehörige Morphologie in der Raum-Zeit tatsächlich stabil sein kann.

Diese Überlegungen klingen zweifellos etwas spekulativ. Natürlich haben wir die Potentiale nicht einfach nach unserer Laune oder mit Hilfe von *Ad-hoc*-Überlegungen gewählt, sondern sind dabei von Einfachheits- und Stabilitätsüberlegungen ausgegangen. Trotzdem bleibt der Leser vielleicht skeptisch. In diesem Falle können wir nur empfehlen, die weitere Entwicklung abzuwarten; wir haben hier einen möglichen Weg skizziert, um ein schwieriges Problem gezielt in Angriff zu nehmen. Es wäre jedenfalls falsch, die Morphogenese hier nicht darzustellen, auch wenn wir nur eine erste Einführung in die Katastrophentheorie geben. Immerhin ist diese Theorie aus Thoms Interessen an derartigen Problemen entstanden, und es ist nicht ausgeschlossen, daß sie gerade auf diesem Gebiet heute ihren wesentlichsten Beitrag zum wissenschaftlichen Fortschritt leisten kann.

9
Schlußfolgerungen

In diesem Kapitel fassen wir die verschiedenen Wege zusammen, die wir bei der Anwendung der Katastrophentheorie kennengelernt haben. Wir diskutieren, wie die Katastrophentheorie im Vergleich zu anderen Modellen als Hilfsmittel zur Erklärung herangezogen werden kann.

Anwendungen der Katastrophentheorie

Zu Beginn unserer Betrachtungen haben wir Thoms Feststellung zitiert, daß die Anwendungen der Katastrophentheorie ein ganzes Spektrum bilden. Nachdem wir nun eine Reihe von Anwendungen kennengelernt haben, können wir dieses Spektrum detaillierter beschreiben.

Am äußersten „physikalischen" Ende funktioniert die Katastrophentheorie genauso wie jede andere mathematische Methode. Es geht hier darum, die Eigenschaften eines bekannten oder zumindest als bekannt vorausgesetzten dynamischen Systems zu erforschen. Wenn wir z. B. die Verbiegung elastischer Strukturen und die Stabilität von Schiffen (Zeeman, 1977a) untersuchen, dann hilft uns das Konzept der universellen Entfaltung und die Techniken zu ihrer Auffindung, strukturelle Instabilitäten in unserer Analyse zu erkennen. Wir werden auf zusätzlich zu erwartende Effekte hingewiesen. Die Katastrophentheorie kann auch dazu dienen, Resultate herzuleiten, die für eine große Klasse von Systemen — mit jeweils bekannter Dynamik — gelten; Berrys (1976)

Arbeit über Kaustik, die wir in Kapitel 5 diskutiert haben, ist ein gutes Beispiel.

In der Mitte des Spektrums finden wir die Anwendungen auf Systeme, deren Mechanismen nicht derart genau bekannt sind, daß wir ihre Gleichungen anschreiben und lösen könnten, während wir andererseits mit gewisser Begründung wenigstens die Art von Gleichungen zu kennen glauben, die etwas mit dem System zu tun haben. Dies ist oft in der Biologie der Fall, wo wir im allgemeinen annehmen, daß das System durch gewöhnliche Differentialgleichungen (sie beherrschen die biochemischen Reaktionen) beschrieben wird und einer Annäherung durch stationäre Zustände zugänglich ist. In diesen Annäherungen kann uns die Katastrophentheorie die Herleitung von Resultaten ermöglichen, ohne daß wir einen detaillierten Mechanismus postulieren — und rechtfertigen — müssen. Sie hilft uns auch bei der Untersuchung der Mechanismen, denn mit ihrer Hilfe können die Probleme schrittweise angegangen werden. Oft kann es wesentlich einfacher sein, einige Klassen von möglichen dynamischen Ansätzen zu eliminieren und erst dann aus den verbleibenden Gleichungssystemen die korrekten Gleichungen zu suchen, anstatt die richtige Antwort in einem Durchgang herauszufinden.

Die Anwendungen am „metaphysischen" Ende des Spektrums dienen fürs erste nur zur Veranschaulichung. Es ist natürlich sehr oft schwer, jemanden vom Wert eines solchen Bildes zu überzeugen, weil es dabei hauptsächlich um heuristische Argumente geht; haben wir die Lösung, dann brauchen wir das Bild nicht länger. Trotzdem ist es wesentlich einfacher, die Kuspe zu verstehen und ihre fünf typischen Eigenschaften in der Diskussion als verschiedene Aspekte ein und derselben Sache zu erkennen, wenn man ein Bild dieser Katastrophe hat. Das Interesse, das einige Sozialwissenschaftler an der Katastrophentheorie entwickeln, ist ein Indiz dafür, welchen Wert ein begrifflicher Rahmen hat, der über die Linearität hinausgeht und erkennen hilft, wie diskontinuierliche Effekte auch ohne diskontinuierliche Ursachen auftreten können.

Wir sollten uns stets daran erinnern, daß uns die Katastrophentheorie *mehr* als nur anschauliche Aussagen liefert. Die Flächen
werden nicht nach Belieben gezeichnet und sind auch keine
Ad-hoc-Konstruktionen zur Darstellung spezieller Situationen.
Sie werden im Gegenteil nach den Gesichtspunkten der Einfachheit und der strukturellen Stabilität ausgewählt. Wir können
natürlich nicht mit absoluter Sicherheit die Katastrophentheorie
auf jede individuelle Problematik anwenden, aber sie steht uns
andererseits jederzeit als nützliche Arbeitshypothese zur Verfügung.
Läßt sich darüber hinaus ein System mit Hilfe eines auf der Katastrophentheorie beruhenden Modells beschreiben, dann ist die
Frage nur natürlich, durch welche Eigenschaften des Systems dies
möglich wurde. Und bei dieser Untersuchung können sich weitere
Ergebnisse einstellen.

In unserer kurzen Übersicht, die wir von der Anwendungsbreite
der Katastrophentheorie gegeben haben, ging es nicht darum, all
die verschiedenen Wege für ihren nutzbringenden Einsatz darzustellen, zumal sich in Zukunft neue ergeben werden. Wir haben
auch nicht versucht darzustellen, wie Thom aus der Katastrophentheorie einige höchst originelle Spekulationen über eine Anzahl
von Gebieten (Beispiele siehe Thom, 1972) gewinnt. Natürlich ist
es nicht möglich, in einem oder zwei Sätzen zusammenzufassen,
was Katastrophentheorie ist und wie sie angewandt wird. Am
besten ist wahrscheinlich der Hinweis auf einen gemeinsamen
Aspekt, der vor allem am „physikalischen" Ende der Anwendungen auftritt. Wenn wir nicht wissen, welchem Mechanismus ein
System gehorcht, dann nehmen wir den einfachsten Mechanismus her, der mit den Beobachtungen verträglich ist und untersuchen, was dadurch über das System an zusätzlichen Informationen hergeleitet werden kann. Die Rolle der Katastrophentheorie ist es dabei, uns in einer wohldefinierten Weise zu sagen,
was unter dem „einfachsten" Mechanismus zu verstehen ist.

Katastrophentheorie und Erklärung

Wie wir gesehen haben, kann die Katastrophentheorie sowohl in den „harten" als auch in den „weichen" Wissenschaften angewendet werden. Es ist aber möglich, daß sich der Leser bei der Theorie doch nicht ganz wohl fühlt, weil sie häufig nur eine *Beschreibung* und keine *Erklärung* des Systems zu liefern scheint, schon gar nicht aber einen Mechanismus. Da dieser Aspekt wahrscheinlich dem größten Teil der Kontroverse um die Katastrophentheorie zugrundeliegt, ist es sinnvoll, diesen Aspekt etwas genauer zu beleuchten.

Zunächst ist es keineswegs klar, was wir überhaupt mit einer „Erklärung" meinen. Wie Aristoteles schon im vierten Jahrhundert vor Christi Geburt beobachtete, kann man vier verschiedene Arten von Gründen für Dinge oder Ereignisse unterscheiden. Was eine Erklärung ausmacht, hängt dann davon ab, wofür man sich interessiert. Und heute würden alle Wissenschaftler die Feststellung akzeptieren, daß es niemals für irgendetwas eine letzte Erklärung gibt und daß keine unserer Theorien wesentlich mehr erreicht, als unser Wissen über die Natur in ein geordnetes System zu bringen, in welches sie mehr und mehr Bindeglieder zwischen die bis dahin unverknüpften Phänomene einfügt. Wenn Thom (1975) das Ziel der Katastrophentheorie in der „Reduktion der Willkür in der Beschreibung" sieht, steht er damit nicht außerhalb des Restes der Wissenschaft, sondern nimmt den selben Standpunkt ein wie Planck (1925), der schrieb: „Solang die Naturphilosophie existiert, wird es ihr letztes Ziel sein, die verschiedenen physikalischen Beobachtungen in ein vereinheitlichtes System und womöglich in eine einzige Formel einzufügen."

Eine vollständige Diskussion der Natur des Wissens und der wissenschaftlichen Erklärung geht natürlich weit über den Rahmen dieses Buches hinaus; wir dürfen aber nicht vergessen, daß es dabei um fundamentale, ungelöste — und vielleicht unlösbare — Probleme geht. Diese sind uns vielleicht durch die Katastrophentheorie bewußter geworden, denn die Katastrophentheorie ist so neu, daß wir noch im Stadium der Herleitung von Anwendungstechniken sind. Wir begegnen aber der selben Art von Schwierigkeiten, wenn wir entsprechend scharf auf jede andere Wissenschaft schauen und sogar, wie Lakatos (1976) in seinem anregenden Buch *Proofs and Refutations* (deutsche Ausgabe 1979: *Beweise und Widerlegungen*) vermutet, auf die Mathematik selbst. Es ist nicht vernünftig, die Katastrophentheorie dafür zu kritisieren, daß sie etwas nicht kann, was keine andere Theorie kann.

Zu den *Mechanismen:* Physikalische Modelle sind sehr oft mechanistisch, sind sie doch Übersetzungen bekannter oder vermuteter physikalischer Ursachen in mathematische Begriffe. Aber dies ist nicht immer der Fall. Es trifft z. B. nicht für die Schrödinger-Gleichungen der Quantenmechanik oder für die Feldgleichungen der Allgemeinen Relativität zu. Tatsächlich wurden beide Theorien aus genau den gleichen Gründen (siehe z. B. Stark, 1938) attackiert, obwohl sie heute allgemein akzeptiert sind. Wenn wir also nicht bereit sind, mit Modellen zu arbeiten, die keinen definitiven Mechanismus postulieren, dann müssen wir uns auch von anderen Theorien verabschieden und nicht nur von der Katastrophentheorie. Wenn wir uns andererseits mit einer modernen Wissenschaftsauffassung versöhnen, dann können wir mit Whitehead (1926) fragen, welchen Sinn es hat, über mechanische Erklärungen zu reden, wenn wir nicht wissen, was wir mit „mechanisch" überhaupt meinen.

Auch die Gesetze der Physik geben nicht die direkte Einsicht in die Abläufe des Universums, wie man seinerzeit erwartet hätte. Sie stellen vielmehr *Hypothesen* dar, die unter vielerlei Umständen verifiziert wurden. Wir fühlen uns daher berechtigt, sie als *Axiome* für die Herleitung weiterer Prognosen über das Verhalten physikalischer Systeme heranzuziehen, zumindest solange sie sich nicht als inadäquat erwiesen haben und von anderen Axiomen aufgehoben wurden. Und wenn wir aus diesen Axiomen ein *Modell* konstruieren können, das wir für eine gute mathematische Darstellung des gesuchten Mechanismus halten, und wenn die Vorhersagen des Modells weiterhin in guter quantitativer Übereinstimmung mit den Beobachtungen stehen, dann können wir wohl das Gefühl haben, in gewissem Sinn eine reale „Erklärung" des Phänomens gefunden zu haben. Die Katastrophentheorie gibt üblicherweise nicht die gleiche Art von Erklärung, und dies macht auch die Überlegenheit des traditionellen Zugangs aus — wenn er funktioniert.

Wie wir in der Einleitung festgestellt haben, funktionieren im allgemeinen die traditionellen Methoden in der Physik recht gut. So ist es wahrscheinlich, daß die Katastrophentheorie in der Physik eine relativ unbedeutende, wenn auch nützliche Rolle spielen wird. Ganz anders liegen die Dinge in den biologischen und den Sozialwissenschaften. Hier haben wir keine fundierten Gesetze und exakten quantitativen Beobachtungen. Hier ist es sinnlos zu sagen, ein detailliertes mechanistisches Modell würde bessere Erklärungen liefern als die Katastrophentheorie, wenn kein solches Modell zur Hand ist und wahrscheinlich auch keines existiert.

Man könnte allerdings durch Vorgangsweisen irregeführt werden, wie den beispielsweise in der theoretischen Biologie entwickelten. Betrachten wir die Lotka-Volterra-Gleichungen aus Kapitel 7:

$$\dot{H} = \alpha H - \mu H P$$

$$\dot{P} = \nu H P - \beta P$$

Diese Gleichungen sehen aus wie manches, das uns aus der Physik vertraut ist, obwohl sie tatsächlich etwas ganz anderes sind. Sie sind eben nicht so etwas wie die „Newtonschen Gesetze" der theoretischen Ökologie; bestenfalls handelt es sich bei den Lotka-Volterra-Gleichungen um eine sehr grobe Näherung an die tatsächlich stattfindenden Wechselwirkungen. Und obwohl wir quantitative Lösungen dieser Gleichungen erzielen können, werden wir damit keine quantitativen Aussagen über das System gewinnen, das wir damit beschreiben wollten. Wir werden nirgends die in den Lotka-Volterra-Gleichungen auftretenden Konstanten tabelliert finden (auch nicht für modifizierte Versionen), und nur mit deren Hilfe könnten wir die gleiche Art von zuverlässigen Vorhersagen machen wie sie das Snelliusche Brechungsgesetz zusammen mit einer Liste der Brechungsindizes ermöglicht.

Bestenfalls können wir von diesen Gleichungen ein gewisses Verständnis für das allgemeine Verhalten des Systems erwarten.

Volterras eigenes Ziel bestand nicht darin, die Anzahl der Fische vorherzusagen, die jedes Jahr im adriatischen Meer gefangen werden; er wollte vielmehr beweisen, daß allein auf Grund der Jäger-Beute-Beziehung Oszillationen entstehen. Möglicherweise irrte Volterra, doch sein Werk ist ein frühes und wahrscheinlich das bestbekannte Beispiel dieser Technik, die sich in der theoretischen Biologie als nützlich erwiesen hat. Hat man es mit einem System zu tun, das zu kompliziert für eine exakte Behandlung ist, dann konstruiert man ein mathematisches Modell, das nur einige wesentliche Eigenschaften mit dem natürlichen System gemeinsam hat. Wir analysieren dann das Modell und ziehen unsere Schlußfolgerungen, von denen wir hoffen, daß sie auf das wirkliche System anwendbar sind. Natürlich sind unsere Resultate vielleicht artifiziell; aber wenn wir uns dieser Gefahr bewußt sind, dann werden wir im allgemeinen auch Wege finden, um die Ergebnisse kritisch zu überprüfen. Interessante Beispiele für diesen Zugang finden wir in der Arbeit von Goodwin (1963) über Oszillatoren und von Kaufmann (1969) über binäre Netze. Es gibt auch einige nützliche Resultate in der Ökologie (siehe Maynard Smith, 1974), obwohl die Wissenschaftler auf diesem Gebiet eine gewisse Tendenz haben, ihre Gleichungen respektvoller zu behandeln, als sie es tatsächlich verdienen.

Wenn wir also sorgfältig untersuchen, wie in der Biologie mathematische Methoden eingesetzt werden, dann kommen wir sehr bald zu dem Ergebnis, daß sich die Anwendungen der Katastrophentheorie davon sicher nicht so weitgehend unterscheiden, wie dies auf den ersten Blick den Anschein hat. Da die Katastrophentheorie darüberhinaus zur Behandlung gerader solcher Probleme entwickelt wurde, ist sie ihnen auch besser angepaßt.

Im Rahmen der meisten anderen Methoden müssen wir eine Art von Modell für das System entwickeln. Dies ist in der Physik ein natürlicher Vorgang, weil das Modell — wie wir bereits erwähnt haben — selbst eine Art von Erklärung liefert. Bei den uns hier interessierenden Anwendungen müssen wir, auf der anderen Seite, zwischen den Hypothesen, mit denen wir beginnen, und den erhofften Schlußfolgerungen eine Anzahl zusätzlicher Hypothesen einfügen — und zwar nicht deshalb, weil wir sie für richtig halten oder weil wir sie testen wollen, sondern nur, um ein Stückchen weiter zu kommen. Bei der Anwendung der Katastrophentheorie gehen wir dagegen im allgemeinen nicht so vor. Wir können daher hier zu unserem Vorteil annehmen, daß unsere Schlußfolgerungen aus den ursprünglichen Hypothesen folgen und nicht Konsequenzen der zusätzlichen Annahmen sind. Und wie wir in Kapitel 7 gesehen haben, gibt es auch Fälle, in denen die Katastrophentheorie bereits Resultate liefert, obwohl es noch keinen Ansatz für irgend ein konkretes Modell zu geben scheint.

Ein anderer Vorteil der Katastrophentheorie liegt darin, daß ihre Schlußfolgerungen mit Sicherheit strukturell stabil sind. Dies ist für die anderen Verfahren nicht immer der Fall. So sind beispielsweise die Lotka-Volterra-Gleichungen nicht strukturell stabil; fast jedes Paar von Gleichungen in ihrer „Umgebung" hat Lösungen, die keine anhaltenden Oszillationen sind. Wo also umgekehrt in der Natur stabile Oszillationen auftreten, werden sie voraussichtlich nicht durch eine Wechselwirkung hervorgerufen sein, die dem Typ dieser Gleichungen entspricht. Natürlich sind die meisten Modelle, die wir in der Ökologie und anderswo verwenden, im allgemeinen strukturell stabil. Trotzdem muß dies nicht so sein, und wie wir aus früheren Kapiteln dieses Buches wissen, wird dies vor allem dann zutreffen, wenn wir ein komplexes System untersuchen und dabei aus Gründen der mathematischen Lösbarkeit der Versuchung erliegen, ein Modell mit einer zu geringen Parameteranzahl zu verwenden.

Die Vorteile der Katastrophentheorie hängen mit ihrer topologischen Natur zusammen, deretwegen wir eben direkt qualitative Resultate erhalten. Natürlich ist die Katastrophentheorie nicht die einzige Theorie mit dieser Eigenschaft und nicht die einzige Theorie, die sich mit Diskontinuitäten beschäftigt. Es gibt eine beachtliche und schnell wachsende Literatur zur topologischen Dynamik und der Verzweigungstheorie. Aber fast die gesamte, von Biologen verwendete Mathematik gehört zu jener Kategorie, die quantitative Resultate für spezielle Probleme liefert. In der Biologie kann Rutherfords berühmter Ausspruch oftmals umgekehrt werden.

Unter diesen Umständen heißt „quantitativ" also: „nicht ausreichend qualitativ".

Wird die Katastrophentheorie in der Physik angewandt, ist es nur vernünftig, wenn wir sie denselben Kriterien unterwerfen, wie die anderen dem Physiker zur Verfügung stehenden Techniken. Wie wir gesehen haben, kann sie dort tatsächlich die gleiche Art von Resultaten erzielen. Wird die Katastrophentheorie aber in der Biologie eingesetzt, so darf sie — wie jede andere Methode auf diesem Gebiet — nicht danach beurteilt werden, wie nahe sie dem Standard der theoretischen Physik kommt, sondern wie viel sie zu unserem Verständnis der biologischen Phänomene beitragen kann.

Natürlich gibt es auch eine Kehrseite dieser Medaille. Wenn wir glauben, daß die Resultate, die wir in der theoretischen Biologie erwarten, sich von den in der Physik üblichen unterscheiden werden, dann dürfen wir an diese Ergebnisse auch nicht die gleichen Anforderungen stellen. Wie wir bereits festgestellt haben, sind die biologischen Resultate im allgemeinen viel spekulativer; insbesondere gingen wir zumeist an irgendeiner Stelle unserer Überlegungen von einer Einfachheitsannahme aus, wenn wir die Katastrophentheorie zur Anwendung brachten. Finden wir darüber hinaus ein mechanistisches Modell, das in guter Übereinstimmung mit den Beobachtungen steht, dann haben wir schon ein wichtiges Ergebnis gewonnen, weil durch dieses Resultat unsere Hypothesen über den Mechanismus unterstützt werden. Wenn wir andererseits eine Kuspe an bestimmte Daten angepaßt haben, ergibt sich daraus allein noch nicht sehr viel. Es kommt darauf an, was danach geschieht. Einfache Beispiele wie die Zeemansche Analyse des Verhaltens von Hunden sind in der Tat nützlich, allerdings vor allem als Illustrationen der Katastrophentheorie und nicht als Beiträge (in diesem Fall) zur Verhaltenslehre. Wir haben nun genug Beispiele gegeben und wir werden bei der Anwendung der Katastrophentheorie in Biologie und Sozialwissenschaft nicht von einem Erfolg reden, wenn wir in der Thomschen Liste eine Katastrophe gefunden haben, die zu unseren Beobachtungen paßt, sondern wenn wir dabei (oder auch, wie wir gesehen haben, wenn wir dabei nicht) etwas Neues über das untersuchte System erfahren konnten.

10
Aufgaben

1 Man bestimme die potentielle Energie einer Gravitations-Katastrophenmaschine, die dem in Kapitel 1 gegebenen Beispiel entspricht und als Begrenzung die Ellipse $b^2 x^2 + a^2 y^2 = a^2 b^2$ hat. Man zeige, daß die plötzlichen Lageveränderungen auftreten, wenn der Magnet die Peripherie einer „Diamantenkurve" überschreitet, deren Scheitel auf den Koordinatenachsen liegen. Man zeige ferner, daß an zwei von den Scheiteln gewöhnliche Kuspen und an den anderen beiden duale Kuspen liegen. Man betrachte den Fall $a = b$.

Ferner gebe man eine Prognose, wie die Maschine reagiert, wenn der Magnet entlang verschiedener Wege bewegt wird. Wie würde sich das Verhalten ändern, wenn die Maschine von einer Kurve begrenzt wird, die zwar glatt, aber nur näherungsweise eine Ellipse ist? Man beschreibe auch das Verhalten einer Kreismaschine, die (a) ideal konstruiert ist und (b) kleine Abweichungen von der vollkommenen Gestalt aufweist. (Um die Antwort zu überprüfen, benütze man eine elliptische Katastrophenmaschine auf einer schiefen Ebene. Siehe Poston und Stewart (1976)).

2 Man leite die kanonischen Formen und die universellen Entfaltungen für alle Elementarkatastrophen der Kodimension 5 her.

3 Man beweise, daß die Querschnitte der Bifurkationsmenge für die Schmetterlings-Katastrophe im Falle $t \geq 0$ mit Bild 4-11 übereinstimmt.

4 Man betrachte die kanonische Wigwam-Katastrophe

$$x^7 + sx^5 + tx^4 + ux^3 + vx^2 + wx.$$

Es sei B^+ der Schnitt der Bifurkationsmenge mit einer Fläche $s =$ const., $t =$ const., $u =$ const.; B^+ ist dann eine Kurve in einer Ebene parallel zur v-w-Ebene

(i)   Man zeige, daß B^+ durch den Ursprung der Ebene geht und daß die Tangente im Ursprung in die v-Richtung weist. Man zeige, daß dies die einzige horizontale oder vertikale Tangente ist.

(ii)   Man identifiziere t als Verschiebungsfaktor.

(iii)   Man setze $t = 0$ und zeichne das Analogon der Bilder 4-13 und 4-14. (Wie wir uns erinnern, ist $v' = w' = 0$ eine notwendige, aber keine hinreichende Bedingung für eine Kuspe.)

5 Es sei B^+ die analoge Kurve für die allgemeine Kuspe

$$x^n + ax^{n-2} + bx^{n-3} + \dots + ux^3 + vx^2 + wx,$$

und wir setzen $n \geqslant 5$ voraus.

(i)   Wie (i) in Aufgabe **4**.

(ii)   Für welche Werte von n kann ein Verschiebungsfaktor angegeben werden?

(iii)   Man zeichne B^+ für die reduzierten Kuspen

(a) $x^n + ax^{n-2} + vx^2 + wx,$

(b) $x^n + ux^3 + vx^2 + wx.$

Man beachte, daß das Problem für gerade und für ungerade n getrennt betrachtet werden muß.

6 Zur Beschreibung des Verhaltens einer Spezies von Mikroorganismen, die in einem Chemostaten wachsen, werden manchmal die folgenden Gleichungen verwendet:

$$\dot{x} = (\mu - D)\,x,$$

$$\mu = \frac{\mu_m\,K_i s}{s^2 + K_i s + K_i K_s},$$

$$\dot{s} = D\,(s_r - s) - \frac{\mu x}{Y}$$

Hier steht x für die Biomasse, μ für die spezifische Wachstumsrate, s für die Konzentration des Nahrungsmittels, D für die Verdünnungsrate. Die anderen Größen sind alle konstant.

Nehmen wir an, das System erreiche ein Gleichgewicht und die Lösungsrate werde dann langsam gesenkt. Man interpretiere das resultierende Verhalten als Falten-Katastrophe und bestimme den Diffeomorphismus, der den tatsächlichen Zustand und die Kontrollvariablen zu den Größen x und u der kanonischen Falte in Relation setzt.

7 Man beschreibe die Einhüllende der Geraden-Familie

$$x + \lambda y = 2\,\lambda^3 - \lambda^5,$$

wobei λ ein stetig variierender Parameter ist.

8 Durch den Nachweis der Stabilität für die Lösungen im Falle $a = \omega = 0$ (oder sonst) zeige man, daß die Duffing-Gleichung

$$\ddot{x} + k\dot{x} + x + ax^3 = F \cos(1 + \omega)\,t$$

für $k > 0$ zu einem Paar von Spitzen-Katastrophen, für $k < 0$ zu einem Paar von dualen Kuspen führt. Man beschreibe das Verhalten eines Systems, das von einer Duffing-Gleichung mit negativer Dämpfung bestimmt wird. Man untersuche mögliche Anwendung auf ein Modell des Gehirns.

9 Man zeige, daß (innerhalb eines bestimmten Bereichs der Kontrollvariablen) Beispiele aus den Sozialwissenschaften, die durch einen doppelten Schmetterling darstellbar sind. Welche unterschiedlichen Prognosen ergeben sich aus letzterem Modell? Man gebe für jedes spezielle Modell entsprechende Interpretationen des Verschiebungs- und des Schmetterlingsfaktors.

10 Eine Variable Q wurde als Funktion der Zeit gemessen. Als Resultat ergibt sich die Kurve (a) des Bildes 10-1. In den Teilen (b) und (c) sind zwei Variablen X und Y gegen die Zeit aufgetragen. Welche der beiden Variablen X und Y bestimmt – ohne daß weitere Informationen zur Verfügung stehen – am ehesten Q?

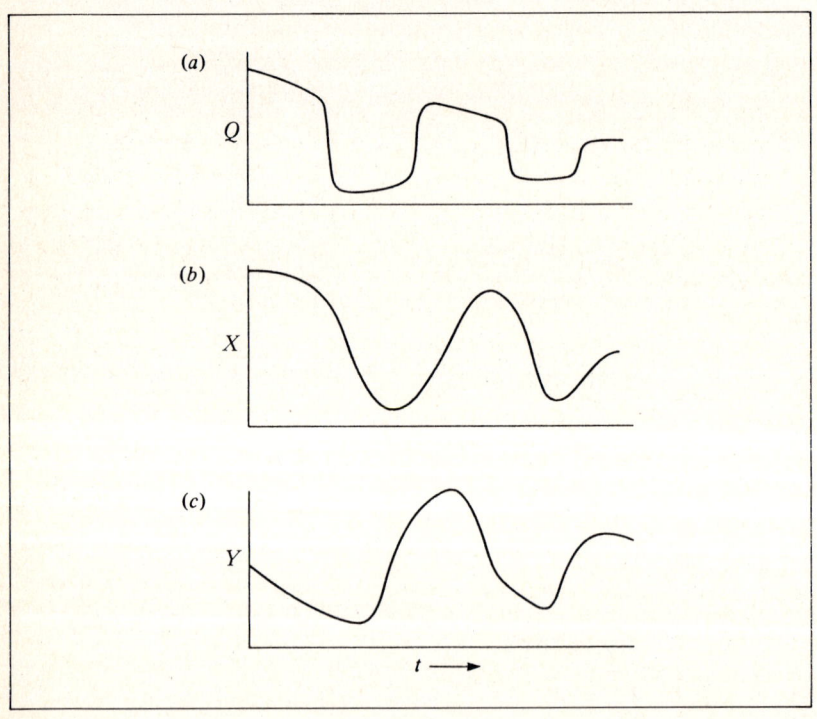

Bild 10-1

Zusammenstellung der Elementarkatastrophen mit einer Kodimension ≤ 5

Angegeben ist jeweils das Potential V in der kanonischen Form.

Falte	$x^3 + ux$
Kuspe	$x^4 + ux^2 + vx$
Schwalbenschwanz	$x^5 + ux^3 + vx^2 + wx$
Schmetterling	$x^6 + tx^4 + ux^3 + vx^2 + wx$
Wigwam	$x^7 + sx^5 + tx^4 + ux^3 + vx^2 + wx$
Elliptische Umbilik	$x^3 - xy^2 + w(x^2 + y^2) + ux + vy$
Hyperbolische Umbilik	$x^3 + y^3 + wxy + ux + vy$
Parabolische Umbilik	$y^4 + x^2y + wx^2 + ty^2 + ux + vy$
Symbolische Umbilik	$x^3 + y^4 + sxy^2 + ty^2 + uxy + vy + wx$
Zweite elliptische Umbilik	$x^2y - y^5 + sy^3 + ty^2 + ux^2 + vy + wx$
Zweite hyperbolische Umbilik	$x^2y + y^5 + sy^3 + ty^2 + ux^2 + vy + wx$

Literaturverzeichnis

Bazin, M. J., und P. T. Saunders (1978). Determination of critical variables in a microbial predator-prey system by catastrophe theory. *Nature* (London) **275**, 52—54

Bazin, M. J., und P. T. Saunders (1979). An application of catastrophe theory to the study of a switch in *Dictyostelium discoideum*. In *Kinetic Logic — a Boolean Approach to the Analysis of Complex Regulatory Systems,* ed. R. Thomas, Berlin: Springer

Bellairs, R. (1971). *Developmental Processes in Higher Vertebrates.* London: Logos Press

Berkeley, G. (19734). *The Analyst.* London: J. Tonson. (Abgedruckt in *The Works of George Berkeley, Bishop of Cloyne,* ed. A. A. Luce und T. E. Jessop, Vol. 4, pp. 65—102. London: Nelson, 1951)

Berry, M. V. (1976). Waves and Thom's theorem. *Advances in Physics* **25**, 1—26

Bröcker, Th., und L. Lander (1975). *Differentiable Germs and Catastrophes.* Cambridge University Press

Cooke, J., und E. C. Zeeman (1976). A clock and wavefront model for the control of the number of repeated structures during animal morphogenesis. *Journal of Theoretical Biology* **58**, 455—476.

Dent, V. E., Bazin, M. J., und P. T. Saunders (1976). Behaviour of *Dictyostelium discoideum* amoebae and *Escherichia coli* grown together in chemostat culture. *Archives of Microbiology* **109**, 187—194

Elsdale, T., M. Pearson, und M. Whitehead (1976). Abnormalities in somite segmentation induced by heat shocks to *Xenopus* embryo. *Journal of Embryology and Experimental Morphology* **35**, 625—635

Fisher, G. H. (1967). Preparation of ambiguous stimulus materials. *Perception and Psychophysics* **2**, 421—422

Fowler, D. (1972). The Riemann-Hugoniot catastrophe and van der Waals equation. In *Towards a Theoretical Biology* 4, *Essays,* ed. C. H. Waddington, pp. 1—7. Edinburgh University Press

Godwin, A. N. (1971). Three dimensional pictures for Thom's parabolic umbilic. *Publications mathématiques. Institut des hautes études scientifiques, Paris,* **40**, 117—138

Goodwin, B. C. (1963). *Temporal Organization in Cells.* London: Academic Press

Guckenheimer, J. (1973). Catastrophes and partial differential equations. *Annales de l'Institut Fourier* (Université de Grenoble) **23**, 31—59

Haken, H. (1977). *Synergetics — An Introduction.* Berlin: Springer

Hilton, P. J. (ed.) (1976). *Structural Stability, the Theory of Catastrophes and Applications in the Sciences.* Berlin: Springer. Deutsche Ausgabe: *Synergetik. Eine Einführung.* 2. Auflage. Berlin: Springer 1983

Holmes, P. J., und D. A. Rand (1976). The bifurcations of Duffing's equation: An application of catastrophe theory. *Journal of Sound and Vibration* **44**, 237—253

Isnard, C. A., und E. C. Zeeman (1976). Some models from catastrophe theory in the social sciences. In *The Use of Models in the Social Sciences,* ed. L. Collins, pp. 44—100. London: Tavistock Publications

Kaufmann, S. A. (1969). Metabolic stability and epigenesis in randomly constructed genetic nets. *Journal of Theoretical Biology* **22**, 437—467

Lakatos, I. (1976). *Proofs and Refutations.* Cambridge University Press. Deutsche Ausgabe: *Beweise und Widerlegungen,* Braunschweig: Vieweg 1979

Lorenz, K. (1966). *On Aggression.* London: Methuen

Lu, Y.-C. (1976). *Singularity Theory and an Introduction to Catastrophe Theory.* Berlin: Springer

Maynard Smith, J. (1974). *Models in Ecology.* Cambridge University Press

Owen, B. A. (1979). Ph. D. Thesis, London University

Pan, P., und B. Wurster (1978). Inactivation of the chemoattractant folic acid by cellular slime molds and identification of the reaction product. *Journal of Bacteriology* **136**, 955–959

Planck, M. (1925). *A Survey of Physics* (übersetzt von R. Jones und D. H. Williams). London: Methuen

Poston, T. (1976). Various catastrophe machines. In Hilton (1976, pp. 111–126)

Poston, T., und I. N. Stewart (1976). *Taylor Expansions and Catastrophes.* London: Pitman

Poston, T., und I. N. Stewart (1978a). *Catastrophe Theory and its Applications.* London: Pitman

Poston, T., und I. N. Stewart (1978b). Nonlinear modelling of multistable perception. *Behavioural Science* **23**, 318–334

Poston, T., und A. E. R. Woodcock (1973). On Zeeman's catastrophe machine. *Proceedings of the Cambridge Philosophical Society* **74**, 217–226

Stark, J. (1938). The pragmatic and the dogmatic spirit in physics. *Nature* (London) **141**, 770–771

Thom, R. (1970). Topological models in biology. In *Towards a Theoretical Biology* 3. *Drafts,* ed. C. H. Waddington, pp. 89–116. Edinburgh University Press

Thom, R. (1972). *Stabilité Structurelle et Morphogénèse.* Reading, Mass.: Benjamin. (English translation by D. H. Fowler, 1975: *Structural Stability and Morphogenesis.* Reading, Mass.: Benjamin)

Thom, R. (1973). A global dynamical scheme for vertebrate embryology. In *Some Mathematical Questions in Biology IV. Lectures on Mathematics in the Life Sciences,* Vol. 5, ed. J. D. Cowan, pp. 3–45. Providence: American Mathematical Society

Thom, R. (1975). Answer to Christopher Zeeman's reply. In *Dynamical Systems – Warwick* 1974, ed. A. Manning, pp. 384–389. Berlin: Springer

Thom, R. (1976). The two-fold way of catastrophe theory. In Hilton (1976, pp. 235–252)

Thompson, D.A.W. (1917). *On Growth and Form.* Cambridge University Press. (Gekürzte Ausgabe, ed. J. T. Bonner, 1961, Cambridge University Press)

Thompson, J. M. T., und G. W. Hunt (1973). *A General Theory of Elastic Stability.* London: Wiley

Trotman, D. J. A., und E. C. Zeeman (1976). The classification of elementary catastrophes of codimension $\leqslant 5$. In Hilton (1976, pp. 263—327).

Wasserman, G. (1976). (r, s)-stable unfoldings and catastrophe theory. In Hilton (1976, pp. 253—262)

Whitehead, A. N. (1926). *Science and the Modern World.* Cambridge University Press

Zeeman, E. C. (1972*a*). A catastrophe machine. In *Towards a Theoretical Biology 4. Essays,* ed. C. H. Waddington, pp. 276—282. Edinburgh University Press

Zeeman, E. C. (1972*b*). Differential Equations for the heartbeat and nerve impulse. In *Towards a Theoretical Biology 4. Essays,* ed. C. H. Waddington, pp. 8—67. Edinburgh University Press

Zeeman, E. C. (1974). Primary and secondary waves in developmental biology. In *Some Mathematical Questions in Biology VIII. Lectures in Mathematics in the Life Sciences,* Vol. 7, ed. S. A. Levin, pp. 69—161. Providence: American Methametical Society

Zeeman, E. C. (1976*a*). Catastrophe Theory. *Scientific American* **234** (part 4) 65—83. (Eine erweiterte Fassung dieser Arbeit findet man bei Zeeman (1977*b*))

Zeeman, E. C. (1976*b*). The umbilic bracelet and the double cusp catastrophe. In Hilton (1976, pp. 328—366)

Zeeman, E. C. (1976*c*). Euler Buckling. In Hilton (1976, pp. 373—395)

Zeeman, E. C. (1976*d*). Duffing's equation in brain modelling. *Bulletin of the Institute of Mathematics and its Applications* **12**, 207—214

Zeeman, E. C. (1976*e*). Brain Modelling. In Hilton (1976, pp. 367—372)

Zeeman, E. C. (1977*a*). A catastrophe model for the stability of ships. In *Geometry and Topology, Rio de Janeiro,* 1976, ed. J. Palis und M. do Carno, pp. 775—827. Berlin: Springer

Zeeman, E. C. (1977*b*). *Catastrophe Theory.* Reading, Mass.: Addison-Wesley. (Enthält Reprints von Zeemans Arbeiten, einschließlich aller hier zitierten.)

Zeeman, E. C. (1978). A dialogue between a mathematician and a biologist. *Biosciences Communications* 4, 225—240

Namenverzeichnis

Sachwortverzeichnis

Facetten der Physik

herausgegeben von Prof. Dr. Roman U. Sexl

Eine Reihe ungewöhnlicher und außergewöhnlicher Bücher über Physik und Physiker

Facetten der Physik

herausgegeben von Prof. Dr. Roman U. Sexl

Eine Reihe ungewöhnlicher und außergewöhnlicher Bücher über Physik und Physiker

Facetten der Physik

herausgegeben von Prof. Dr. Roman U. Sexl

**Eine Reihe ungewöhnlicher und außergewöhnlicher
Bücher über Physik und Physiker**

Band 21: Robert L. Weber

Kammerphysikalische Kostbarkeiten

(More Random Walks in Science, dt.) Aus dem Engl.
übers. von E. Streeruwitz. 1986. X, 186 S. mit vielen
Abb. 16,2 x 22,9 cm. Kart.

Das Buch bietet Abhandlungen, Kurzbeiträge,
Aphorismen, Anekdoten und Karikaturen in Prosa,
Poesie und Bild zum Generalthema Physik. Jeder
allgemein gebildete Leser wird darin Kurzweil finden
und verblüfft sein, wieviel Humor in der Physik steckt.